◀ 简单好用的教子方法 ▶

U0602445

父母如何做
让孩子吃得安全

刘少伟 ／ 编著

华东师范大学出版社

图书在版编目(CIP)数据

父母如何做：让孩子吃得安全/刘少伟编著. —上海：华东师范大学出版社，2020

(简单好用的教养手册)

ISBN 978－7－5760－0075－7

Ⅰ.①父… Ⅱ.①刘… Ⅲ.①食品安全－基本知识 Ⅳ.①TS201.6

中国版本图书馆 CIP 数据核字(2020)第 036360 号

简单好用的教养手册

父母如何做：让孩子吃得安全

编　　著　刘少伟
责任编辑　刘　佳
特约审读　陈成江
责任校对　王丽平　时东明
装帧设计　刘怡霖

出版发行　华东师范大学出版社
社　　址　上海市中山北路 3663 号　邮编 200062
网　　址　www.ecnupress.com.cn
电　　话　021－60821666　行政传真 021－62572105
客服电话　021－62865537　门市(邮购)电话 021－62869887
地　　址　上海市中山北路 3663 号华东师范大学校内先锋路口
网　　店　http://hdsdcbs.tmall.com/

印 刷 者　上海华顿书刊印刷有限公司
开　　本　787×1092　16 开
印　　张　11
字　　数　171 千字
版　　次　2020 年 7 月第 1 版
印　　次　2020 年 7 月第 1 次
书　　号　ISBN 978－7－5760－0075－7
定　　价　38.00 元

出 版 人　王　焰

近年来,我国十分重视人民的健康发展,在党的十八届五中全会公报中,把"健康中国"升级为国家的重要战略,提出要全方位、多维度进行"健康中国"建设,推动多层次健康教育和健康促进。2016 年发布的《"健康中国 2030"规划纲要》在国民的教育体系中增加了健康教育,把健康教育纳入素质教育之中,并蕴含在各个不同的教育阶段。

小学生在自身的成长发展过程中暴露出许多与健康相关的问题,因不良的生活方式、行为方式而引发的健康问题成为困扰他们有效学习和身体健康发展的障碍。另一方面我们从小学开始就没有对学生进行系统、科学、合理的饮食健康教育,小学生健康意识薄弱,没有获取卫生健康知识的有效并且可靠的途径,小学生的健康素养较差,自我保健意识淡薄,很多疾病开始出现低龄化的态势。

《中国居民膳食指南(2016)》针对 2 岁以上的所有健康人群提出六条核心推荐,分别为:食物多样,谷类为主;吃动平衡,健康体重;多吃蔬果、奶类、大豆;适量吃鱼、禽、蛋、瘦肉;少盐少油,控糖限酒;杜绝浪费,兴新食尚。对于小学生,膳食指南还有五条推荐,分别为:认识食物,学习烹饪,提高营养科学素养;三餐合理,规律进餐,培养饮食健康行为;合理选择零食,足量饮水,不喝含糖饮料;不偏食不节食,不暴饮暴食,保持适宜体重增长;保证每天至少活动 60 分钟,增加户外活动时间。

小学生的消化系统仍处在生长发育阶段,一日三餐的合理与规律是培养健康饮食的根本。一日三餐的时间应该相对固定,早餐提供的能量应占全天总能量的25％～30％,午餐 30％～40％,晚餐 30％～35％。一日之计在于晨,早餐一定要吃饱吃好,早餐至少要包括谷薯类、肉蛋类、奶豆类、果蔬类中的三种。每天饮水的量要足够，6 岁到 10 岁儿童每天建议喝 800～1 000 毫升水，饮水要少量多次，不要口渴时再喝，天热或运动时应该适当增加饮水量。对于小学生来讲，天天喝 300 毫升左右的奶对生长发育是有相当大的帮助的，在喝奶的同时需要一定的运动，促进钙的吸收和利用。

对于小学生来讲，适宜的身高和体重增长是营养均衡的体现。我们在家中可以简单地用 BMI 指数来检查一下自己是不是处于肥胖或是营养不良的状态。BMI 是与体内脂肪总量密切相关的指标，该指标考虑了体重和身高两个因素。BMI 简单、实用，可反映全身性超重和肥胖。在测量身体因超重而面临心脏病、高血压等风险时，比单纯的以体重来认定，更具准确性。它的计算公式为：体质指数（BMI）＝体重（千克）/身高（米）^{2}。当一个人的身高为 1.60 米，体重为 40 千克，他的 BMI ＝ $\dfrac{40}{1.60^2}$ ＝ 15.63（千克/米^2）。BMI 值越低代表越"瘦"，反之则代表越"胖"。对于不同年龄段的小学生来讲，标准身材的 BMI 指数也不尽相同。随着小学生的生长发育，标准的 BMI 指数也会有所提高。对于一年级男生来讲，正常体型的 BMI 值应该是 13.5～18.1，而到了六年级就上升到了 14.7～21.8。女生由于生理构造的原因，BMI 值稍低，一年级为 13.3～17.3，而到了六年级就上升到了 14.2～20.8。

对于营养不良的儿童，要增加鱼、禽、蛋、瘦肉、豆制品等蛋白质含量较高食物的摄入，要纠正偏食、不运动等不良的习惯。而对于超重的儿童，不能过度减少其能量的摄入，要在保证其正常生长发育的情况下，减少高糖、高脂肪、高能量食物的摄入，做到食物多样化，多吃杂粮、蔬菜、水果、豆制品等食物，同时逐步增加运动量，养成健康的生活习惯。

综上，本书旨在用通俗易懂的语言，为小学生及其家长提供必要且科学的健康知识，使他们具备选择卫生安全食品的能力，尽量避免不健康食品对身体的危害，尽可能使大家从小就养成科学的饮食行为习惯。

目 录

爱吃零食是每个小朋友的天性，和同学分享零食更是很多人的美好回忆。在恰当的时候吃适量的健康的零食可以及时补充能量和营养，但是如果随便吃、过量吃，就有可能导致儿童挑食、厌食、蛀牙、肥胖等问题，甚至还会诱发某些慢性病。零食就是垃圾食品吗？事实上这取决于吃的方式和吃的量。本章内容以辣条、奶糖、巧克力等零食为切入点，向大家分享一些关于零食的小知识，教你如何吃得更加营养和健康。

第一章

吃货小分队

妈妈再也不担心我吃辣条了：辣条将出台相关国标

辣条可谓是年度网红食品了，它凭借低廉的价格、不普通的味道，收获了一大帮粉丝。据相关数据统计，至 2018 年，辣条的产值规模已达到 500 亿，简直是食品中的励志模范生。不过大家普遍认为辣条虽然好吃，但都不敢多吃，毕竟妈妈们从小就告诫我们：这种垃圾食品，不能多吃！

而在此前的新闻中，辣条也是频频上黑榜：根据《新京报》的报道，在 2015—2017 年中，全国有 15 个省份共计 131 家辣条企业生产的 195 个批次的辣条被检出问题。正是由于这么严重的健康安全问题，使得辣条让人"又爱又恨"。但近期，据相关报道：国家卫生健康委员会发布了"关于征求《食品安全国家标准调味面制品》等 4 项食品安全国家标准（征求意见稿）意见函"。这意味着辣条这块监管空白之地将被填补，我们马上就可以吃上按照国家标准生产的辣条了。

那么，现在市面上流通的辣条究竟存在哪些食品卫生安全方面的隐患呢？相关的国家标准又对此做了什么限定呢？下面我们就来为大家进行解读。

市售辣条存在什么问题？

目前市面上销售的辣条主要存在两个问题：菌落总数超标以及添加剂违规使用。

菌落总数超标：根据河南省食品药品监督管理局的抽检信息显示，2017 年共有 4 个批次的辣条抽检不合格，其主要原因涉及菌落总数超标及霉菌超标。辣条的菌落总数超标主要源于其生产卫生环境恶劣：许多生产企业在生产环境中操作不规范，且未对生产车间进行严格消毒，或者未对产品进行杀菌，从而导致辣条产品中菌落总数或者霉菌超标。此类问题对人体健康具有很大影响：轻者会致人恶心、呕吐、腹泻，重者则会使体内脏器受损。

在添加剂使用方面，辣条主要存在不规范和超量使用两个问题。使用不规范：在国标出台之前,辣条的生产主要依靠当地的地方标准来规范。在宁夏,辣条被归为方便食品,按照地方标准不得加入甜蜜素;而在河南,辣条被归为糕点类,按照地方标准可以限量添加甜蜜素。不同产地的辣条具有不同的生产标准,使得辣条的规范生产管理成为一个难题。超量使用:除了使用不规范的问题,添加剂的超量使用问题也很严重。据相关报道,甜蜜素的超量使用样本占被检不合格样本的30％,形势十分严峻。消费者如果长期过度食用甜蜜素超标的食品,会对人体造成危害,特别是对代谢排毒能力较弱的儿童危害更明显。

新出台标准主要规范了哪几方面?

1. 种类限定

《征求意见稿》将辣条统一限定为调味面制品,并提出其统一概念:以小麦粉和/或其他谷物粉等为主要原料,添加食用油脂等辅料,经配料、挤压熟制、成型、调味、包装等工艺加工而成的具有一定韧性的即食食品。此外,《征求意见稿》还明确指出,辣条类食品应该在包装上明确标识出产品种类"调味面制品"。《征求意见稿》中辣条种类、概念的确定对于后续的规范有着重要意义,可以解决不同地区的产品执行标准不统一的问题。

2. 添加剂种类及量的限定

《征求意见稿》规定了辣条中可以使用的添加剂,而此前不统一的甜蜜素此次也被允许使用在辣条生产中。此外,《征求意见稿》还规定甜蜜素的添加量应符合国家标准(GB 2760)中方便米面制品的规定:最大使用量为1.6克/千克。

3. 理化性质/有害物质限量

此外,《征求意见稿》还统一了辣条的理化性质、污染物、有害物质、致病菌等的限量。这对于此后的规范生产同样有着重要意义。

教 授 爸 爸 课 堂

尽管辣条即将被国标统一规范管理,但是我们仍旧不建议

大家过量食用辣条。辣条中的油、盐含量较高,轻者容易导致人体水肿,引发皮肤失水,严重者(过量食用)则会导致血压上升,并引发动脉粥样硬化等一系列慢性疾病。按照市面上一包辣条(100 克)的营养成分表所示,其钠含量为 2 745 毫克,而钠的每日推荐摄入量上限为 2 000 毫克,即每天只吃一包辣条就会钠摄入量超标。因此我们建议每次一天中吃辣条不要超过半包。

100 克辣条营养成分参考①

热量 415(千卡)	碳水化合物 45.5(克)	蛋白质 7.4(克)	脂肪 22.6(克)	钠 2 740(毫克)

教授爸爸贴心叮咛

总体来说,目前国家计划出台辣条的相关国标,意味着这个产业将被更好地规范化,也意味着以后我们可以买到更加放心、安全的辣条了。但是辣条与许多零食一样,属于高油、盐类食物,我们建议大家不要多吃,少量食用才更有利于身体健康哦!

---

① 欧钰婷. 食物营养成分大全. 广州:广东科技出版社,2008.

你爱大白兔奶糖？我只爱奶糖外面那层纸

相信对于很多人来说，大白兔奶糖应该是整个童年的甜蜜回忆。说到大白兔奶糖我们就会想到，大白兔奶糖的外面包裹着一层半透明的纸，咬开在嘴里薄薄脆脆的，化开后带着奶糖浓浓的香甜味，软软糯糯，回味连绵。有的小朋友会把它吃掉，因为大人告诉我们，那是糖纸，虽然并没有什么味道，但是吃了也没坏处。那么这张纸到底是什么呢？能不能吃呢？今天就让我来为大家解密吧。

糯米纸是糯米做的吗？

在食品工厂，工人把用番薯、玉米或小麦粉等淀粉调成稀浆，然后滤去杂质，用热水冲调成淀粉糊，再将淀粉糊均匀地喷涂在干燥机上，经过烘烤后就制得一张张薄而透明的糯米纸了。

听说糯米纸还能包药片？

包裹糖果和糕点用普通的糯米纸即可，因为不影响被包裹食物的口感，且入口即化。普通糯米纸可以用来包裹冷菜、熟食、甜品、零食，等等，比如：花生糖、小酥糖、奶糖、糖葫芦串、沙拉虾卷、金沙蛋黄卷、香草冰淇淋、巧克力、蛋黄水晶虾、油炸冰淇淋、高档茶叶、脆皮哈密瓜卷、松子烤鸭卷……

服用药片、药丸、药粉等苦味异味的固态药物则需要特制的糯米纸包裹。因为要使糯米纸包裹住药物放入口中并喝水之后不破损、无苦味异味渗出，且润滑易吞服，就必须加强包药片糯米纸的柔韧性、隔离性、润滑性。所以普通的糯米纸无法胜任，需要专门制作的包药片糯米纸。但是，糯米纸的强度很有限，不耐潮、不耐热，不能广泛用于包装各种食品。与各种可食性包装材料相比，以豆渣为原料开发的可食性包装纸因原材料丰富且价格低廉，加工工艺简单，具有较高经济效益、较高的营养保健价值和社会效益，近几年已引起一些食品厂家的注意，正准备将其用于食品包装，从而实现将豆渣变废为宝。

豆腐渣包装纸应用实例

日本有人将废弃的豆腐渣制成可溶于水的"纸"，广泛用于方便面、调味品、烤肉、蛋糕、水果的包装。它的制法是：向豆腐渣内加入脂酸和蛋白酸，让其分解，然后经温水洗涤干燥成干纤维，再添加山药、芋头、糊精、低聚糖、聚丙二醇等粘接剂而制成。

日本酒井农业食品工程公司研究出一种用豆渣生产可食用纸的方法，是将榨汁或提取豆制品以后的豆粕（豆渣）加入适量的水和植物性蛋白酶，过滤出经酶处理后的这种豆渣液，即为含食物纤维素 23％～25％ 的可食纸浆，再用生产普通纸的方法和设备制成各种大小的干燥纸膜即为可食纸。

豆腐渣包装纸的优势在哪里？

由于这种纸在水中或唾液下可溶化，因而不必撕碎，可直接食用，并且有较高的营养价值；又因为这种纸是食物纤维且不含热能，所以也可作保健食品的载体。

可食性豆渣纸因其较其他同类产品的优点：原材料（豆渣）丰富且廉价，加工工艺简单，合理充分地解决了食品包装废弃物与环保之间的矛盾和大豆食品加工工业中的副产品（豆渣）的处理与利用问题。具有较高经济效益和社会效益，较高的营养保健价值以及广阔的发展前景。

教 授 爸 爸 课 堂

糯米纸，这层纸的成分其实也很简单，主要为淀粉。其实

在糖的包装里面,隔上这么一层纸,只是为了让奶糖不会变得软软的,因为我们都知道,在高温情况下,奶糖一般都会软化变形,并且容易粘在包装上,这样的话可能大部分人就不会想要再买了。所以那一层糯米纸其实是为了保护糖的形状,用糯米纸包装食品,特别是用于食品内包装符合卫生的要求。

100 克大白兔奶糖营养成分参考①

热量 430(千卡)	碳水化合物 81.7(克)	蛋白质 4.4(克)	脂肪 9.0(克)	钠 59.0(毫克)

教授爸爸贴心叮咛

　　包裹着奶糖的是糯米纸,糯米纸不仅不是纸,而且和纸张没有一点关系。糯米纸是一种可食薄膜,透明、无味,入口即化,其主要营养成分即淀粉中富含的碳水化合物,能够提供热量,是构成机体的重要物质。糯米纸有很好的防潮作用,这层纸只是为了保护奶糖。吃过的人应该都知道,把它含在嘴里面,一般很快就会化掉。好多人以为它是不能吃的,其实不然,它是可以放心吃的。

---

① 欧钰婷. 食物营养成分大全. 广州:广东科技出版社,2008.

你所不知道的肉松

肉松又称肉绒、肉酥，是将肉除去水分后制成的粉末，它适宜保存，并便于携带，是一种亚洲常见的小吃。肉松是将肉煮烂，再经烩制、揉搓而成的一种易消化、食用方便、易于贮藏的脱水制品。除用猪肉外，还可采用牛肉、兔肉、鱼肉生产各种肉松。肉松是我国著名的特产，按形状分为绒状肉松和粉状（球状）肉松，肉松一直是受大众喜爱的产品。

有人说肉松不仅美味而且容易吸收，是生病时补充能量的佳品；但也有不少人把肉松归为"垃圾食品"，认为它没什么营养。那么，肉松有什么营养价值呢？到底是不是"垃圾食品"呢？接下来，我们就一起看看关于肉松的知识，解决这些疑问吧。

肉松的营养

首先，肉松是有一定营养价值的。由于它以肉类为主要原料，其中的蛋白质、铁等营养素含量还是比较高的。肉松含有丰富的蛋白质，对于一些需要营养物质的人来讲，是不错的选择，另外它的脂肪含量也不高。而且，因为肉松含有丰富的微量元素，所以其营养作用和功效是非常明显的。

肉松一般是采用瘦猪肉加工制成的。因此，就不得不说说肉松加工时发生的营养变化。由于加工时水分的丧失，肉松中蛋白质、脂肪等产能营养素含量都高于同等重量的猪瘦肉。同时加入的白糖也一定程度上提高了碳水化合物含量。

肉松可以补铁。在肉松的加工过程中，浓缩产能营养素的同时，不少矿物质也得到了浓缩。瘦猪肉当中本来就含有一定量的铁，经过浓缩使肉松中的铁含量较高，因此是不错的补铁及部分矿物质的食品。在肉加工成肉松的过程中，由于加热，破坏了部分B族维生素，但是其他维生素几乎没有损失。水分的降低也在一定程度上对营养素进行了浓缩。

肉松的吃法

1. 直接吃：这是最简单的吃法，也是最能品味肉松香、鲜、甜的吃法。适宜平时在办公室充饥或补充营养用，但注意不要吃得太多。

2. 配凉菜：做凉菜的时候，加点儿肉松也会让你的凉菜增色不少。但是如果你不喜欢改变凉菜的口味的话，那就不要加了。

3. 配面包：最常见的一种吃法，在面包上撒上适当的肉松，可以丰富面包的口感，形成一种咸甜的口味。

4. 配粥：做粥的时候，可以加点儿肉松，这样营养更丰富，口感也更棒，当然，一般是在粥熟了后再加肉松。

当然，对于肉松的吃法还有很多，比如配牛奶、包成饭团或作为调料，可以根据不同的喜好选择不同的吃法。

教 授 爸 爸 课 堂

《中国居民膳食指南（2016）》的膳食宝塔中，将水产品、畜禽肉以及蛋类放在一层。建议每天摄入总量为120～200克，其中畜禽肉每日推荐摄入量为40～75克左右。

事实上，肉松属于深加工的肉类，肉松在制作过程中，需要加入酱油、糖、脂肪等，因此，有较高的热量和盐含量。肉松属于高能食品，所以平时肉松吃的量和次数都要有所控制。

100克肉松营养成分参考①

热量 396（千卡）	碳水化合物 49.7（克）	蛋白质 23.4（克）	脂肪 11.5（克）	维生素 A 44（毫克）
维生素 C 0（毫克）	维生素 E 10.02（毫克）	硫胺素 0.04（毫克）	胡萝卜素 0（微克）	核黄素 0.13（毫克）

---

① 欧钰婷. 食物营养成分大全. 广州：广东科技出版社，2008.

续　表

烟酸 3.3(毫克)	胆固醇 111(毫克)	镁 55(毫克)	钙 41(毫克)	铁 6.4(毫克)
锌 4.28(毫克)	铜 0.13(毫克)	锰 0.6(毫克)	钾 162(毫克)	钠 469(毫克)
硒 8.77(微克)				

教授爸爸贴心叮咛

　　需要肯定的是,肉松有一定营养价值,正规的肉松以肉类为主要原料,其中的蛋白质、铁等营养素含量还是比较高的。但是,肉松毕竟是加工食品,存在一些健康隐患。首先,肉松的原料具有不安全的因素,曾报道有些不法商贩将不新鲜或病死的猪肉等用来制作肉松。其次,为了改善口感和风味,肉松里会添加过多的油、糖、盐等,这些调料的过度添加对孩子身体不利。特别是瘦肉本身就含有一定量的钠离子,在肉松加工过程中又加入大量的酱油、盐等调料,使其盐分更高,多吃容易造成盐超标。再次,肉松热量高,如果过量食用肉松,可能会造成孩子肥胖,影响其正常的生长发育。因此,家长不能把肉松作为孩子补充肉类营养的途径,小孩子还是要少吃为宜。

坚果大作战

很多小孩子都喜欢吃坚果,认为坚果又香又脆,一旦吃起来,就根本停不下来。坚果一般分两类:一种是树坚果,包括杏仁、腰果、榛子、核桃、松子、板栗、白果(银杏)、开心果、夏威夷果等;另一种是种子,包括花生、葵花子、南瓜子、西瓜子等。不同的坚果在人们心目中的地位稍有不同,比如,腰果、开心果等价位偏高,人们戏称为"贵族坚果";碧根果、夏威夷果等近年十分应潮流,属于明星坚果;巴旦木、榛子口感佳,营养好,是实力派坚果;花生、葵花籽、核桃等价格亲民,是亲民坚果。

虽然坚果好吃,但很多人都说坚果吃多了会变胖,家长们就不给小孩子吃。其实不然,这都是谣言惹的祸。

"吃坚果会长胖,千万不要吃坚果",是真的吗?

很多研究报告证实,坚果的热量其实比一般油脂少 10%～14%,若能以坚果取代一般油脂,每周食用两次坚果类食物,反而有助于降低肥胖风险。此外,坚果里的油脂若遇到高温,几乎不会产生反式脂肪,对降低体内的坏胆固醇浓度也有帮助。

坚果的脂肪含量虽然丰富,但所含的油脂大部分属于不饱和脂肪。而且,坚果有相当高含量的蛋白质、碳水化合物和膳食纤维,又富含维生素 E 和维生素 B 族,以及人体所需的常量及微量矿物质如钙、铁、锌、锰等。

所以说,适量吃坚果是不会长胖的。

"葵花籽含有铝,有毒致癌",是真的吗?

坚果籽类产品属于农产品,可能从土壤中带入农药残留或矿物质。坚果炒货食品在生产过程中不需要添加铝。那么为什么坚果炒货产品还能检测出微量铝？一方面是土壤中的矿物质自然带入；另一方面是辅料带入，如使用的辅料产品有国家标准允许添加铝的，那么这个坚果炒货类产品含有铝也是合法的，但是含量不能超过国家标准。

坚果应该怎么选购？

1. 买原味的无添加的坚果。配料表中看坚果是否加入了盐、糖等成分，抛除口味的因素，坚果以无添加为最好。额外添加的脂肪会使你过多摄入脂肪；盐焗口味的坚果钠含量很高；一些绿茶、奶油口味的坚果可能加入了一些添加剂。

2. 选择多种类的坚果。不同坚果有不同的营养优势，多种坚果混合食用，营养才能更加均衡。

教 授 爸 爸 课 堂

《中国居民膳食指南（2016）》的膳食宝塔中，将坚果与豆制品放在一层。建议每天摄入总量为 25 克，其中坚果 10 克左右。

坚果虽好，也不能给小孩子多吃。坚果中含较多脂肪，且坚果热量很高，尽管小孩子长身体的时候消化吸收比较快，但摄入过多还是容易造成肥胖。如果已经食用较多食物，尤其是肉类等，更不要再吃坚果，否则会造成脂肪摄入超标。即使没有摄入其他高热量食物，也要避免一次食用过多坚果，最好每天别超过一小把。

100 克巴旦木营养成分参考①

热量	碳水化合物	蛋白质	脂肪	钠
612（千卡）	18.1（克）	23.8（克）	49.5（克）	33（毫克）

① 欧钰婷. 食物营养成分大全. 广州：广东科技出版社，2008.

教授爸爸贴心叮咛

　　坚果很容易受潮、霉变。一旦发现有霉味，说明已经有了强致癌物黄曲霉毒素，会对肝脏造成损伤，应该马上丢弃，尤其是小孩子身体较弱，更易受到损害。如果有哈喇味，说明不饱和脂肪酸已经氧化，产生了油脂氧化产物，营养价值下降，也不建议继续食用。

巧克力的前世今生

巧克力是一种备受欢迎的甜品，还逐渐成为了浪漫的代名词。如果你是巧克力的忠实粉丝，那你要庆幸你没有生活在 16 世纪以前，在那之前，巧克力只有在中美洲才有，而且那时的巧克力和现在的完全不同。在公元前 20 世纪，人们将当地可可树上长的可可豆磨碎以后，和麦片还有一种红辣椒混合在一起，制成一种黑暗料理版的饮料，一种口感略苦的、起泡的提神混合物。1828 年，巧克力的制作工艺彻底改变了，阿姆斯特丹的科恩拉德·范哈尔顿发明可可豆压榨法，他的发明可以分离出可可脂，剩下的可可粉可以和可可脂一起制作成今天我们熟知的固体巧克力。不久后，一个叫做丹尼尔·彼得的瑞士巧克力商，将奶粉加入配料，这样牛奶巧克力就产生了。可是，你知道巧克力究竟是怎么制成的吗？下面就让我们一起来了解一下巧克力的前世今生吧！

可可农场

大家都知道，巧克力来源于可可豆，那可可豆是怎么来的呢？可可豆是可可果的种子，可可果是长在树上的。

可可树目前只分布于非洲、东南亚和拉丁美洲。它每年成熟两次，5 月到 7 月，10 月到 12 月是其收获的季节，收获时，将可可果直接从树上采摘下来，用刀切开果皮，然后将果肉带着可可豆一起放到桶里。成熟的可可果有白色油脂状的果肉，中间包裹着可可豆。据说果肉滋味酸中带甜，非常好吃。但是如果嚼一下可可豆的话，则会发现可可豆不仅完全没有巧克力香味，而且味道苦涩无比。原来，巧克力特有的味道是经过发酵和烘烤等几个步骤之后才慢慢呈现的。

可可果收获后，首先要进行的步骤就是发酵啦。放到桶里的可可果肉和可可豆会直接在发酵间进行发酵，发酵的过程要维持几天时间。发酵过后的可可豆颜色会变深，散发的气味也会跟之前有很大区别。发酵后的可可豆会在清水中浸泡 2 小时左右，然后在太阳下晒干。晒干至少需要约 6 个小时，而且生产可可的农民每半个小时就要将可可豆翻一下，确保晒得均匀。

晒干之后，可可豆会被放入烘箱中进行高温烘烤。前面发酵中产生的物质，加上烘烤时的美拉德反应，赋予了可可豆"巧克力"的香味。可可豆烘烤的时间大约是 18 个小时到 24 个小时。烘烤之后，可可豆的颜色变得更深，更接近巧克力本身的黑褐色。

烘烤过的可可豆就是巧克力工厂生产的原材料啦！这时，可可豆的水分含量已经下降到了 2％以下。这样，可可豆在可可农场那儿的加工就正式完成，这些可可豆便会运进巧克力工厂，进行进一步的加工。

巧克力工厂

巧克力工厂首先会打碎这些可可豆，将外皮去掉，留下里面的部分。然后，将这些部分切碎，充分搅拌到一起，形成一种均匀的浆状液体。我们把它叫做"可可液块"。

可可液块包含着两种主要的成分：可可饼和可可脂。采用压榨技术能够分离这两者。将可可饼烘干打碎以后可以得到可可粉，这就是做巧克力蛋糕以及提拉米苏等必备的那个调料啦。可可液块虽然能凝固，但是凝固成的东西和我们吃到的巧克力在口感和味道上还是有很大差别的。这种固体更加的粗糙和易碎。我们吃到的巧克力，是在可可液块的基础上加入额外的可可脂、糖、香草精等混合而成的。

也就是说，在巧克力加工过程中，一部分可可液块中的可可脂会被提炼出来，加到另一部分的可可液块中，才能做成巧克力。而这部分被提炼过可可脂的，恰好就是做可可粉的原料。所以说，可可粉其实是巧克力生产过程中的副产品。

巧克力中可可液块和可可脂的比例，决定了巧克力的种类。黑巧克力，它仅由可可液块、可可脂和糖混合而成，其中可可液块含量很高，可可液块和可可脂加起来可以占总重量的 70％；牛奶巧克力，它由可可液块、可可脂、牛奶（奶粉）和糖混合而成，可可液块含量较低，可可液块和可可脂加起来，占总重量的 50％左右；白巧克力，它不含可可液块，只含有可可脂，它是糖、可可脂和牛奶（奶粉）混合以后的产物。也就是说，可可液块含量越高，巧克力就越黑越苦。

混合完成以后，下一步就是决定巧克力质量的关键步骤——精炼（Conching）。精炼技术是瑞士人鲁道夫·莲（Rudolphe Lindt）首先发明的。他同时也是巧克力著名品牌瑞士莲（Lindt）的创始人。精炼的过程简单来说就是拿一个大碌子对巧克力浆进行"揉捏"。这种"揉捏"的过程通常持续几小时到几天不等，温度也根据巧克力的不同有着很大区别。例如，牛奶巧克力精炼温度在49℃左右，而黑巧克力会高至82℃。

在精炼中，巧克力充分地与空气混合，空气会带走巧克力中的异味和一些水分；高温会引起巧克力中一部分糖类发生焦糖化反应，给巧克力增加了焦糖的气味。最重要的是，在精炼中，巧克力本来存在的晶体结构会破坏，巧克力的颗粒会更小。精炼时间越长，巧克力越细腻。

精炼过后的最后一个步骤当然就是冷却成型了。但是，直接降温冷却成固体是不行的，因为可可脂有6种不同的结晶状态，不同结晶状态的熔点全都不一样。如果将融化的巧克力直接降温，会使巧克力局部产生较大的晶体。

这就需要"调温"过程了，调温的目标，就是让巧克力里面的尽可能多的可可脂，都集中在同一种结晶状态（V晶体），而且分布尽可能均匀。这时，它的熔点在34℃左右，刚好和体温接近，这样，我们才能得到真正的"入口即化"的口感！

首先，巧克力会被加热到45℃，让6种类型的可可脂晶体都熔化，然后，降温至27℃，让第4种（IV）和第5种（V）晶体成型；接着，升温至31℃，把第4种（IV）晶体给破坏掉。此时，巧克力中理论上就只剩下第5种（V）晶体啦！这时再降温到15~17℃储存，我们就会得到一块完美的巧克力啦。

调温过后，半固体状的巧克力就会浇在模具上成型。接下来的工作，就是等巧克力冷却变硬之后，脱模成型，再进行筛选和包装。

经过这种种流程，巧克力就做好啦！是不是既复杂又眼花缭乱呢？所以啊，巧克力来之不易，小朋友要且吃且珍惜！

教 授 爸 爸 课 堂

　　巧克力是一种高热量食品，但其中蛋白质含量偏低，脂肪含量偏高，营养成分的比例不符合儿童生长发育的需要。相对不纯的巧克力，掺入糖分、脂肪和色素的分量就相对高，而大部分孩子的味觉都偏好甜的。过量摄入甜食可能造成儿童蛀牙、肥胖等问题。此外，巧克力越纯，咖啡因含量就越高。如果咖啡因含量过高的话,会对儿童身体健康造成很大影响,儿童因肾脏代谢程度不同,对咖啡因有不同的代谢率,一般介于 7 小时至 30 小时之间。100 克纯黑巧克力的咖啡因含量为 38 毫克。国外建议 0~3 岁的宝宝尽量不要摄取到咖啡因。4~12 岁孩子每天的咖啡因摄取上限分别为:4~6 岁一天上限 45 毫克,7~9 岁一天限 62.5 毫克,10~12 岁一天上限 85 毫克。

100 克巧克力营养成分参考[①]

热量 589(千卡)	碳水化合物 53.4(克)	蛋白质 4.3(克)	脂肪 40.1(克)	维生素 A 0(毫克)
维生素 C 0(毫克)	维生素 E 1.62(毫克)	硫胺素 0.06(毫克)	胡萝卜素 0(微克)	核黄素 0.08(毫克)
烟酸 1.4(毫克)	胆固醇 0(毫克)	镁 56(毫克)	钙 111(毫克)	铁 1.7(毫克)
锌 1.02(毫克)	铜 0.23(毫克)	锰 0.61(毫克)	钾 254(毫克)	钠 111.8(毫克)
硒 1.2(微克)				

教授爸爸贴心叮咛

巧克力的健康作用都来自于可可中的多酚类物质和矿物质。白巧克力通常香甜浓烈,不像黑巧克力那么苦涩,因为其糖含量非常高,还含有大量的饱和脂肪,所以这种巧克力儿童还是少吃为好。巧克力只是一种休闲食品,偶尔吃是不会带来麻烦的,如果把它当成节日分享的甜蜜礼物,不必顾虑那么多。

巧克力作为一种零食可以适量地让孩子偶尔吃点,3 岁以下的孩子最好不吃,大一些的孩子也要适量地吃。

---

① 欧钰婷.食物营养成分大全.广州:广东科技出版社,2008.

小孩子在生长发育的阶段，对蛋白质、脂肪和维生素的需求量非常大，尤其是蛋白质更是对孩子的成长起着非常重要的作用。很多家长也从很早开始就注意给孩子补充营养，让孩子以后有更加健康的体魄，其中牛奶和鸡蛋这类高蛋白质的食物更是不能少了。但是关于我们日常生活中随处可以购买到的蛋和奶，你又了解多少呢？本章内容围绕蛋和奶进行深入探讨，希望通过科普一些小知识为大家答疑解惑。

第二章

蛋奶小故事

这些蛋都有什么不同？

蛋类是我们补充蛋白质的最佳来源,我们的日常饮食都少不了蛋类。关于五花八门的蛋,我相信人人都有一套说法。听到最多的说法便是很多人认为鹅蛋比鸡蛋更有营养,常吃可以增长智力,真的是这样吗？不管是哪种类型的蛋,都含有丰富的营养,但对于它们的营养价值,恐怕很少有人能说出个所以然。那么,市面上有哪些常见的蛋类？它们的营养有什么区别？哪种蛋更适合孩子食用呢？接下来我们就来为各位介绍这些不同种类的蛋。

市面上有哪些常见的蛋类？

首先,目前常见的几种蛋主要是鸡蛋、鸭蛋、鹅蛋、鹌鹑蛋,按照制作方法的不同,还有皮蛋、咸鸭蛋等。单从外观上就能轻易简单地辨别不同蛋的种类。鸡蛋一般红、茶色居多,也有白皮鸡蛋,呈椭圆形,个头一般比鸭蛋小。鸭蛋呈青蓝色或青白色,椭圆的程度较大,一般比鸡蛋稍大。鹅蛋通常呈椭圆形,个体很大,呈白色,是一般鸡蛋的四五倍。鹌鹑蛋则体型很小,一般只有 10 克左右,形状近圆形,表面有棕褐色斑点。

那么多的蛋,营养有区别吗？

事实上,不同的蛋,大部分营养成分相似。它的营养成分会有一些区别,每一种蛋,都有各自独特的优点：

1. 鸡蛋

鸡蛋中的蛋白质是食物品种中质量、种类、组成方面最优质的蛋白质。1 克鸡蛋蛋白质比 1 克肉类蛋白质的营养价值高得多。而且蛋白质的氨基酸比例是最适合人体需要的,利用率高达 98％以上,容易被吸收。

此外,鸡蛋中的脂肪含量比其他蛋都要少一些。鸡蛋黄还含有卵磷脂、维生素和矿物质等，经常食用，有助于增强记忆力。

2. 鸭蛋

鸭蛋的维生素含量比鸡蛋要高一些，尤其是维生素 B_{12} 的含量，是补充 B 族维生素的理想食品之一。鸭蛋中各种矿物质的总量超过鸡蛋很多，比如铁和钙在蛋类中就比较丰富。但是，鸭蛋的脂肪含量是所有蛋中偏高的，每 100 克鸭蛋中就含有 14 克左右的脂肪。

3. 鹅蛋

鹅蛋中的卵磷脂是常见蛋类中最多的，对人的脑及神经组织的发育有重要作用，能够降低血脂、强健心脏，增强记忆力。鹅蛋的也有较丰富的维生素和矿物质，主要集中于蛋黄中，营养丰富。

4. 鹌鹑蛋

鹌鹑蛋虽然小巧，但营养价值很高。鹌鹑蛋中氨基酸种类齐全，含量丰富，还有高质量的多种磷脂、维生素等人体必需成分，与同量鸡蛋相比，它的铁、核黄素、维生素 A 含量要高一倍，而胆固醇则低约三分之一。

5. 咸鸭蛋

咸鸭蛋是以新鲜鸭蛋为主要原料经过腌制而成的再制蛋，风味特殊、食用方便、营养丰富。除了具有鸭蛋的营养外，它的钙含量更是高出鸡蛋的一倍。

6. 皮蛋

皮蛋主要以鸭蛋为原料，经过特殊的加工方式后，表面有花纹的一种黝黑光亮的蛋，色香味均有独到之处。且由于使用了含铁剂来腌制，所以其铁质含量也比一般的鸭蛋更高。

哪种蛋更适合孩子食用？

综合来说，鸡蛋的蛋白质种类和组成比例最优，更适宜人体消化吸收，胆固醇含量不高，且购买方便，最适合孩子日常食用。鸭蛋中的维生素 B_{12} 含量高，可作为补充维生素 B_{12} 的膳食来源，由于其胆固醇含量偏高，我们不建议孩子长期吃鸭蛋。鹅蛋中的卵磷脂含量丰富，的确有一定增强记忆力的作用，但由于比较难购买，日常食用的人并不多。鹌鹑蛋同样具有较高的营养价值，且胆固醇含量比普通鸡蛋低一半，若是担忧鸡蛋中的胆固醇会对孩子产生负担，可以选择用鹌鹑蛋替代鸡蛋。被誉为"下粥神器"的咸鸭蛋，尽管美味，但油脂偏高，且钠含量偏高，我们不建议给孩子吃太多。而同样美味的皮蛋，若是购买途径不正规，可能会买到含铅皮蛋，其所含的铅元素会对人体的神经系统产生损害，因此，我们建议应选择正规途径购买皮蛋，这样可以大大降低买到含铅皮蛋的概率。

教·授·爸·爸·课·堂

《中国居民膳食指南（2016）》的膳食宝塔中，将水产品、畜禽肉以及蛋类放在一层。建议每天摄入总量为120～200克，其中蛋类每日推荐摄入量为40～50克左右，不同蛋的营养价值其实相差不大。

1. 蛋白质：各种蛋差异不大

不同蛋的蛋白质含量差异很小，通常在13克/100克左右。比如，鸡蛋的蛋白质含量最低，大约是12克/100克，鹅蛋的蛋白质最多，达到14克/100克左右，差异最多只有10%左右。

2. 脂肪：鸡蛋脂肪最少

不同蛋的脂肪含量也有一定差异，其中鸡蛋脂肪最少，是10克/100克左右，鸭蛋脂肪最多，达到14克/100克左右。

3. 维生素：不同的蛋稍有差异

不同的蛋在个别成分的比较上会有些许差异。比如鸭蛋和鹅蛋的维生素 B_{12} 明显比其他几种蛋多，鹌鹑蛋的维生素 B_2 最丰富。鸡蛋中的维生素 D 含量最高，比其他几种蛋高出30%左右。不过，蛋里其他维生素如维生素 A、维生素 E、维生素 K 等就基本差不多。

4. 钙铁锌硒等矿物质：没有本质区别

鸡蛋、鸭蛋、鹅蛋和鹌鹑蛋的钙含量均为60毫克/100克左右。

总之，不论是鸡蛋、鸭蛋，还是鸽子蛋、鹌鹑蛋、鹅蛋，甚至鸵鸟蛋，它们在营养价值上其实没有本质的区别，都是差不多的。

家常食用蛋类营养成分参考表①

100 克鸡蛋营养成分参考(1 个鸡蛋约为 60～70 克)

热量 144(千卡)	碳水化合物 2.8(克)	蛋白质 13.3(克)	脂肪 8.8(克)	维生素 A 234(微克)
维生素 C 0(毫克)	维生素 E 1.84(毫克)	硫胺素 0.11(毫克)	胡萝卜素 0(微克)	核黄素 0.27(毫克)
烟酸 0.2(毫克)	胆固醇 585(毫克)	镁 10(毫克)	钙 56(毫克)	铁 2(毫克)
锌 1.1(毫克)	铜 0.15(毫克)	锰 0.04(毫克)	钾 154(毫克)	钠 131.5(毫克)
硒 14.34(微克)				

100 克鸭蛋营养成分参考(1 个鸭蛋大约 60 克)

热量 180(千卡)	碳水化合物 3.1(克)	蛋白质 12.6(克)	脂肪 13(克)	维生素 A 261(微克)
维生素 C 0(毫克)	维生素 E 4.98(毫克)	硫胺素 0.17(毫克)	胡萝卜素 0(微克)	核黄素 0.35(毫克)
烟酸 0.2(毫克)	胆固醇 565(毫克)	镁 13(毫克)	钙 62(毫克)	铁 2.9(毫克)
锌 1.67(毫克)	铜 0.11(毫克)	锰 0.04(毫克)	钾 135(毫克)	钠 106(毫克)
硒 15.68(微克)				

100 克鹅蛋营养成分参考

热量 196(千卡)	碳水化合物 2.8(克)	蛋白质 11.1(克)	脂肪 15.6(克)	维生素 A 192(微克)
维生素 C 0(毫克)	维生素 E 4.5(毫克)	硫胺素 0.08(毫克)	胡萝卜素 0(微克)	核黄素 0.30(毫克)
烟酸 0.4(毫克)	胆固醇 704(毫克)	镁 12(毫克)	钙 34(毫克)	铁 4.1(毫克)
锌 1.43(毫克)	铜 0.09(毫克)	锰 0.04(毫克)	钾 74(毫克)	钠 90.6(毫克)
硒 27.24(微克)				

---

① 欧钰婷. 食物营养成分大全. 广州：广东科技出版社,2008.

100 克鹌鹑蛋营养成分参考（1 个鹌鹑蛋约 10 克）

热量 160(千卡)	碳水化合物 2.1(克)	蛋白质 12.8(克)	脂肪 11.1(克)	维生素 A 337(微克)
维生素 C 0(毫克)	维生素 E 3.08(毫克)	硫胺素 0.11(毫克)	胡萝卜素 0(微克)	核黄素 0.49(毫克)
烟酸 0.1(毫克)	胆固醇 515(毫克)	镁 11(毫克)	钙 47(毫克)	铁 3.2(毫克)
锌 1.61(毫克)	铜 0.09(毫克)	锰 0.04(毫克)	钾 138(毫克)	钠 106.6(毫克)
硒 25.48(微克)				

教授爸爸贴心叮咛

综合来说，鸡蛋的蛋白质的种类和组成比例最优，更适宜人体消化吸收，胆固醇含量不高，且购买方便，最适合孩子日常食用。鸭蛋中的维生素 B_{12} 含量高，可作为补充维生素 B_{12} 的膳食来源，但由于其胆固醇含量偏高，我们不建议孩子长期吃鸭蛋。鹅蛋中的卵磷脂含量丰富，的确有一定增强记忆力的作用，但由于比较难购买，日常食用的人并不多。鹌鹑蛋同样具有较高的营养价值，且胆固醇含量比普通鸡蛋低，若是担心鸡蛋中的胆固醇会对孩子产生负担，可以选择用鹌鹑蛋替代鸡蛋。

鸡蛋，要这样吃才科学

我们日常生活中经常会吃到的一种食物——鸡蛋，可能大家都已经非常熟悉了，鸡蛋味道非常好，做法也很多，是一种营养丰富、既经济又实惠的营养品。鸡蛋含有非常丰富的蛋白质，很多家长为了让孩子吃得愈加健康有养分，天天变着花样给孩子的辅食里添加鸡蛋，甚至一天三四个鸡蛋，这样做对吗？孩子能吃蛋黄吗？市场上各种各样的鸡蛋又该如何选择？一直以来，人们对于鸡蛋由于蛋皮颜色不同而在营养方面存有差异的争议从未停下过，不同颜色的蛋到底有什么区别呢？营养差别真的很大吗？现在我们就来学习一下吧！看看怎样吃、怎样挑选鸡蛋才更健康、科学吧！

鸡蛋的营养价值

1. 蛋白质

鸡蛋含丰富的优质蛋白，每 100 克鸡蛋含 13 克蛋白质，两只鸡蛋所含的蛋白质大致相当于 50 克鱼或瘦肉的蛋白质。鸡蛋蛋白质的消化率在牛奶、猪肉、牛肉和大米中也是最高的。鸡蛋蛋白质含有人体必需的 8 种氨基酸，并与人体蛋白的组成极为近似，人体对鸡蛋蛋白质的吸收率可高达 98％。

2. 脂肪

鸡蛋每 100 克含脂肪 8.8 克，大多集中在蛋黄中，以不饱和脂肪酸为多，脂肪呈乳融状，易被人体吸收。

3. 胆固醇

鸡蛋黄中含有较多的胆固醇，每 100 克可高达 585 毫克，因此，不少人对吃鸡蛋怀有戒心，怕吃鸡蛋引起胆固醇增高而导致动脉粥样硬化。有研究发现，鸡蛋中虽含有较多的胆固醇，但同时也含有丰富的卵磷脂。卵磷脂进入血液后，会使胆固醇和脂肪的颗粒变小，并使之保持悬浮状态，从而阻止胆固醇和脂肪在血管壁沉积。

4. 其他微量元素

鸡蛋还有其他重要的微量营养素，如钾、钠、镁、磷，特别是蛋黄中的铁质达7毫克/100克。婴儿食用蛋类，可以补充奶类中铁的匮乏。蛋中的磷很丰富，但钙相对不足，所以，将奶类与鸡蛋共同食用就可营养互补。鸡蛋中维生素 A、B_2、B_6、D、E 及生物素的含量也很丰富，特别是蛋黄中，维生素 A、D 和 E 与脂肪溶解容易被机体吸收利用。不过，鸡蛋中维生素 C 的含量比较少，应注意与富含维生素 C 的食品配合食用。

白皮鸡蛋和红皮鸡蛋不同？

现实中，常会听到某些小商小贩宣传道："我这是本地鸡蛋，绝对不是吃饲料的鸡下的蛋。"但事实上，没有什么能证明鸡蛋是否是在特殊饲养的方式下孵出的蛋。这只是商贩的一种销售手段。

红皮蛋和白皮蛋营养价值大体相当，红皮蛋脂肪含量稍高于白皮蛋，但蛋白质和维生素 A 含量稍低于白皮蛋。红皮蛋的优点在于壳比较厚，储藏性更好一些。

对于浅色蛋黄的鸡蛋来说，蛋黄的黄色主要来源于维生素 B_2，如果颜色较深，说明还含有类胡萝卜素。一般来说，散养鸡吃青叶较多，蛋黄中类胡萝卜素多一些，所以颜色比较深；鸡场产鸡蛋只有核黄素的颜色，看起来比较浅。但是因为鸡场鸡的饲料中都添加了维生素 A，所以与散养鸡蛋相比，蛋黄中含维生素的量实际上略高一些，蛋白质含量则没有差异。现在有些鸡场在鸡饲料里加入一些天然着色物质，那么鸡蛋黄的颜色也会一样鲜艳好看。

所以，无论白、黄鸡蛋营养价值是一样的，鸡的种类不同，所产下的蛋壳颜色不同，最重要的是要食用新鲜鸡蛋。需要注意的是，鸡蛋从农场运出时必须要打上生产日期号码和过期日，从生产日期开始算，45 天内都可以算新鲜。

那么问题来了，蛋壳的颜色为什么不同？

许多人认为红皮鸡蛋营养价值高。其实，蛋壳的颜色与鸡蛋的营养价值并无直接关系,它是由一种称为卵壳卟啉的物质决定的。

普通母鸡血液中的血红素代谢可产生卵壳卟啉,因而蛋壳可呈浅红色,而来航鸡与白洛克鸡不能产生卵壳卟啉,因而蛋壳呈现白色,因此,蛋壳的颜色完全是由遗传基因决定的。

由此看来:买贵不如选对,并不是价格高就代表鸡蛋营养指标高;蛋壳的颜色是由鸡的品种决定的,与其他的营养成分等因素无明确联系。

吃鸡蛋会不会导致胆固醇升高呢?

鸡蛋有非常丰富的蛋白质和脂肪,其中蛋黄的营养价值高达100％。如含丰富的钙、铁、磷等矿物质,还有叶酸、脂肪、卵磷脂、胆固醇和丰富的维生素等。

但是对于吃鸡蛋会不会导致胆固醇升高这个话题还存在争议,这个情况因人而异,胆固醇升高并不是吃不吃鸡蛋的问题,而是吃多少鸡蛋的问题,由于每个人体质不同,对胆固醇的代谢能力也不同,因此,建议大家根据中国营养协会在"中国居民膳食宝塔"中的推荐,每天食用半个到一个鸡蛋,这样既保证营养供给,又不会导致胆固醇摄入过量。

孩子能吃蛋黄吗?

蛋黄虽然是一个营养很好的辅食,但对于小宝宝而言,过早添加会引起过敏风险。6个月的小宝宝吃蛋黄的时候,因为自身肠胃消化功能没有发育完善,易出现消化不良,继而出现过敏性腹泻等症状。其实,孩子多大可以吃蛋黄,父母可以根据孩子的具体情况而定,对于肠胃发育较好的孩子来说,1岁后就可添加蛋黄为辅食。

此外,蛋黄富含优质蛋白、必需脂肪酸、卵磷脂、维生素 A、维生素 B_1、维生素 B_2、钙、锌以及胆碱、甜菜碱、叶黄素等营养成分。蛋黄如果和富含钾、钙、镁和维生素 C 的绿叶蔬菜一起吃可以均衡营养。

教 授 爸 爸 课 堂

　　《中国居民膳食指南(2016)》的膳食宝塔中,将水产品、畜禽肉以及蛋类放在一层。建议每天摄入总量为 120～200 克,其中蛋类每日推荐摄入量为 40～50 克左右。《中国学龄儿童膳食指南(2016)》建议,7～11 岁儿童每天吃蛋类 25～40 克,11～14 岁儿童吃 40～50 克,14～17 岁青少年吃 50 克。鸡蛋中卵磷脂含量较高,卵磷脂是大脑必需的活性物质。儿童和青少年从膳食中补充适量的卵磷脂可提高智力,而卵磷脂主要含于大豆和鸡蛋蛋黄。食用蛋黄等食物即可以满足人体正常的需要。吃鸡蛋中的卵磷脂其效果优于服用从植物中提取的卵磷脂。

　　鸡蛋的烹调方式推荐多用蒸、煮,少用煎、炒、炸等。鸡蛋还是要让孩子每天吃的,但是要控制吃的量,如果特别爱吃鸡蛋的话,可以每天吃 2 个煮鸡蛋,或蒸鸡蛋羹。此外儿童的饮食应该多样化,保证营养全面,而且尽量做到清淡。三餐的食物要包括主食,还要搭配着蔬菜、畜禽肉类、鱼虾类、蛋类、大豆及其制品等。

教授爸爸贴心叮咛

给孩子吃鸡蛋要注意什么?

1. 控制数量

　　鸡蛋虽然营养,但是要控制好数量。尤其是对于孩子来说,如果吃太多,容易引起消化不良,还可能会造成孩子维生素缺乏,宜每天吃一个。

2. 不吃生鸡蛋

很多人误以为鸡蛋生吃更营养。其实生吃鸡蛋不但很可能会把鸡蛋中所含细菌吃进体内,造成肠胃不适并引起孩子腹泻;而且鸡蛋的蛋白含有某种抗体蛋白,需要高温加热使之变性,否则会影响食物中营养物质的吸收,使孩子食欲不振、全身无力等。所以给孩子吃的鸡蛋,一定要煮熟。

3. 煎炸鸡蛋不宜吃

煎鸡蛋加热温度高,维生素 A、D、E、K 等脂溶性维生素和水溶性维生素都有损失,而且孩子吃了不易消化,所以宜给孩子吃水煮蛋或者是蒸蛋。有研究显示,水煮蛋的蛋白质消化率高达99.7%,几乎能全部被人体吸收利用,且加热温度低,营养全面保留。

总之,每天一个水煮带壳鸡蛋是最佳吃法,但要注意细嚼慢咽,否则也会影响孩子吸收和消化。

皮蛋含铅，不宜多吃，是真的吗？

我们平时在超市购买皮蛋时，常会看到标签上写着无铅皮蛋，众所周知，铅不宜过量摄入，对人体有害，但若是从菜市场、零售店等场所购买散装皮蛋，很难知晓其是否含铅。那么，皮蛋为什么会含铅？含铅皮蛋对人体有何危害？无铅皮蛋就真的无铅吗，对人体有什么危害呢？下面，我们就来为大家解答这些疑惑。

什么是皮蛋？

皮蛋是一种传统的中国风味蛋制品。它的主要原材料一般是鸭蛋，口感鲜滑爽口，微咸，色香味均有其独特之处。目前，皮蛋不仅在国内被广大消费者喜爱，在国际市场上也享有盛名。经过特殊的加工方式后，皮蛋会变得黝黑光亮，上面还有白色的花纹，也有一种特殊的香气，是很多人喜欢的美食之一。

皮蛋为什么会含铅？

皮蛋含铅，是由于在传统制作过程中加入了黄丹粉，这种粉又叫铅丹，主要成分为氧化铅。皮蛋以鸭蛋为原料，包裹以生石灰、草木灰、茶叶末、盐、黄丹粉、稻壳调和而成的稀泥腌制而成，黄丹粉中的氧化铅可以在腌制过程中逐渐渗入蛋内，使得蛋白质变性凝固，从而呈现出皮蛋独特的透明 Q 弹的形态。

曾经有人对这种方法制作的皮蛋进行测算发现，这种皮蛋中的含铅量约为 3 微克/克，若按每个皮蛋净重 60 克，那么单个皮蛋的铅含量会高达 180 微克。若是长期食用含铅的皮蛋，会对人体健康造成明显危害。

含铅皮蛋对人体有什么危害？

若是长期食用含铅的皮蛋，其所含的铅元素会对人体的神经系统造成极大伤害，除此之外，它还会对人体的消化系统和造血系统产生较大伤害，即使长期摄入量为微量，但若是摄入持续周期长，也很可能造成消化道出血。

儿童的消化道更为敏感，对铅的吸收率可高达 50％，若是儿童长期摄入铅元素，其生长和智力发育会受到极大影响，其认知功能、神经行为和学习记忆等脑功能也会受到极大损伤，更严重者甚至可能造成痴呆。根据相关数据，铅中毒造成的智力损伤是不可逆的，即使迅速降下血铅浓度，也并不能使得智力恢复。

教 授 爸 爸 课 堂

事实上，目前市售的无铅皮蛋，也并非百分之百无铅，只是在改进了制作方法之后，不再使用含铅化合物，其铅含量相比传统皮蛋大大降低，并远低于国标规定。

相比较传统的制作工艺，现代的皮蛋制作采用符合《食品安全国家标准食品添加剂使用标准》（GB 2760－2011）的食品加工助剂——硫酸铜代替传统使用的氧化铅，大大降低了皮蛋中铅元素的含量，一般来说，正规厂家生产的皮蛋，其铅含量与我们日常吃的肉制品、豆腐、鱼类等的铅含量相近，大多远远低于国家标准 0.5 毫克/千克，消费者们大可放心食用。

不过，对于儿童而言，他们的消化吸收能力不够强，为降低风险，我们一般建议儿童不宜多吃，或者少吃。

100 克皮蛋营养成分参考（1 个皮蛋约为 60 克）①

热量 171(千卡)	碳水化合物 4.5(克)	蛋白质 14.2(克)	脂肪 10.7(克)	维生素 A 215(微克)
维生素 C 0(毫克)	维生素 E 3.1(毫克)	硫胺素 0.1(毫克)	胡萝卜素 0(微克)	核黄素 0.2(毫克)
烟酸 0.1(毫克)	胆固醇 608(毫克)	镁 13(毫克)	钙 63(毫克)	铁 3.3(毫克)
锌 1.5(毫克)	铜 0.1(毫克)	锰 0.1(毫克)	钾 152(毫克)	钠 542.7(毫克)
硒 25.2(微克)				

教授爸爸贴心叮咛

那么，我们平时在购买皮蛋时，该如何才能购买到更加放心的皮蛋呢？方法主要有以下几种：

1. 留心皮蛋的外观。一般来说，铅含量和铜含量过高的皮蛋，其外壳表面会呈现较多斑点，若遇到这样的皮蛋，很有可能是属于铅/铜含量超标的皮蛋，我们不建议购买。

2. 用手掂。在选购皮蛋时可以用手稍作掂量，若手感到皮蛋比较有弹性，则说明皮蛋的质量不错，较为新鲜；若皮蛋较硬，没有弹性，则说明皮蛋可能已经不新鲜或者已经变质。

3. 晃一晃。握住皮蛋稍加摇晃，若皮蛋内部发出晃动声音，则说明皮蛋可能已经发生变质，导致蛋黄流出，此类皮蛋不建议购买。

① 欧钰婷. 食物营养成分大全. 广州：广东科技出版社,2008.

你不能不知道的牛奶小知识

随着人们生活水平的提高,许多人在饮食上满足了基本的口感、饱腹等需求外,还会讲究营养、养生。每天一杯牛奶,也逐渐成为了人们的饮食习惯。但市面上的奶制品种类繁多,包装各异,那么牛奶除了能补钙,还有什么营养成分呢? 该如何选购适合的牛奶呢? 喝牛奶要注意什么呢? 带着这些疑惑,我们就和大家聊一聊喝牛奶的小知识。

牛奶是我们日常生活当中十分常见的食物,其营养物质含量与比例和人体所需要的营养比较接近,所以喝牛奶是身体补充营养不错的选择。

牛奶蛋白属优质蛋白

牛奶蛋白含有全部九种人体必需氨基酸。牛奶蛋白主要由酪蛋白、乳清蛋白和β-乳球蛋白组成。其蛋白质包含全部九种人体必需氨基酸(人体自身不能合成的氨基酸)。牛奶中的蛋白质消化吸收率高,可达 $87\% \sim 89\%$,高于一般的禽兽肉类。

牛奶中的脂类提供热量占全奶热量可达 48%

牛奶中约含有 3% 的脂类,包括饱和脂肪酸、单不饱和脂肪酸和多不饱和脂肪酸。牛奶的牛乳脂肪球颗粒小,呈高度乳化状态,容易消化和被人体吸收。此外,牛奶脂类中还含有一些脂溶性维生素,如维生素 A 和维生素 D。

牛奶是优质钙源

虽说牛奶不是含钙量最丰富的食物,但其中的钙却很容易被吸收利用,此外牛奶中磷、钾、镁等多种矿物质的搭配也十分合理。

牛奶的分类

1. 巴氏杀菌奶

巴氏杀菌乳是牛乳经过低温杀菌即巴氏杀菌（60～82℃）得到的乳制品，只杀死微生物的营养体，保留有益菌群，充分保持牛奶的营养与鲜度。优点是对营养物质的破坏少，缺点是保存时间短，且须低温贮存（2～6℃）。常见的产品多为由塑料袋、玻璃瓶、新鲜屋等包装。

2. 超高温灭菌奶

超高温灭菌奶是指在135℃到150℃的温度下，进行4秒到15秒的瞬间灭菌处理，完全破坏其中可生长的微生物和芽孢。优点是可在常温下保存较长时间，缺点是高温破坏了很多营养物质。常见产品多为保质期30天以上的袋装等产品，利乐砖、利乐枕包装。

怎样区分超高温灭菌奶和巴氏消毒奶呢？除通过保质期长短来区分外，还可根据产品标志来鉴别，正规厂家的产品包装上会注明"超高温灭菌消毒"或"巴氏消毒"的字样。

3. 还原奶

还原奶：又称复原乳，是指将奶粉经过处理和加水勾兑还原成的液态奶。目前以奶粉为原料还原加工生产液态奶有两种形式：一种是在原奶中掺入近30％的奶粉；另一种以奶粉为原料生产调味乳销售。从营养学角度来说，复原乳经过了多次高温处理，因此营养成分极低。

同时在加工过程中为了保持口感和味道，还会添加大量糖、香精和食品调味剂，多喝无益反而有害。

人一天喝多少奶最合适呢？

关于一天喝多少奶，没有统一的定量，要根据每个人情况不同，酌情而定。

婴儿处于发育状态，喝奶次数和量以及能否喝奶，按照每个人情况不同，没有定量。但要记住一点，那就是婴儿喝奶要遵循少量多次的原则。

研究表明，孩子在出生后2个月内，若按体重来计算孩子喝奶的基本需求量的话，理想的喝奶量是每天每公斤体重150毫升；

3～6个月，每天不超过900毫升；

7～12 个月,每天总量为 600～800 毫升。

1～3 岁幼儿,建议每天不低于 600 毫升。

3 岁以上的宝宝每天喝一杯牛奶。如果还想多补充奶制品,可以再喝一小杯(100～150 毫升)酸奶。每天奶制品摄入总量建议不超过 500 毫升。

按照美国农业部的建议,成年人一天应喝 400～500 毫升牛奶,多点可以喝到 750 毫升左右,但最好不宜超过 1 000 毫升。

有句俗话这样说:"保证一瓶,争取二瓶,最好三瓶,不超四瓶。"

什么时候喝奶比较好?

"早中晚都行,最好饭后饮。"

牛奶是人们的一种基础食品,一日三餐一般以饭后喝为宜。一天一瓶以早餐喝为好,一天两瓶以早晚喝为佳,也可根据个人生活习惯在三餐之外的时间喝,但要注意先吃点富含淀粉的食物后再喝,使牛奶在胃中有较长的停留时间,这样有利于营养素的全面吸收和利用。

研究发现,牛奶中含有一种叫 α-乳白蛋白的"天然舒睡因子",它有调节大脑神经和改善睡眠的作用。因此,在傍晚或临睡前半小时喝一杯牛奶,有安神作用,可以促进睡眠,大家可以一试。"睡前一杯奶,入睡来得快。"

教 授 爸 爸 课 堂

《中国居民膳食指南(2016)》的膳食宝塔中,建议每天摄入奶及奶制品 300 克左右。

奶类营养成分丰富,并且蛋白质组成比例适宜,容易被机体消化吸收,是营养价值高的天然食品。以纯牛奶为例,一般含有 3% 的蛋白质,其必需氨基酸组成比例符合人体需要,是优质蛋白质;含有 3%～4% 的脂肪,主要以微脂肪球的形式存在;含有一定量的乳糖,有助于促进钙、铁、锌等矿物质的吸收;含钙量丰富并且吸收率高。钙是儿童生长发育最重要的常量元素之一,儿童生长发育阶段必须摄入充足的钙，以保障儿童旺盛的骨骼生长需要。缺钙的话，便会造成儿童骨骼发育不良，影响到身高，而且还会对骨质密度造成影响，进而出现骨质疏松的情况。因此儿童是不能缺钙的，牛奶是能够强身健骨、补充钙质的最佳饮食品。而且牛奶中的免疫球蛋白进入肠道之后，还会起到增强人体免疫力的作用。

100 毫升牛奶营养成分参考[1]

热量 54(千卡)	碳水化合物 3.4(克)	蛋白质 3(克)	脂肪 3.2(克)	维生素 A 24(微克)
维生素 C 1(毫克)	维生素 E 0.21(毫克)	硫胺素 0.03(毫克)	胡萝卜素 0(微克)	核黄素 0.14(毫克)
烟酸 0.1(毫克)	胆固醇 15(毫克)	镁 11(毫克)	钙 104(毫克)	铁 0.3(毫克)
锌 0.42(毫克)	铜 0.02(毫克)	锰 0.03(毫克)	钾 109(毫克)	钠 37.2(毫克)
硒 1.94(微克)				

教授爸爸贴心叮咛

少喝儿童牛奶。市场上的儿童牛奶口味多样，常见的有红枣味、核桃味，以及香蕉味、巧克力味、草莓味等，都深受孩子喜爱，但其实这都属于调制乳。配料中的主要成分还是奶，但这些调制乳多是添加了大量的香精来改善牛奶的口味，以此来吸引孩子的注意力。同时也会让家长觉得里面含有核桃、红枣等很有营养。

儿童优先选择巴氏杀菌全脂牛奶，可以最大程度的获取奶制品中的营养。不需要选择有其他添加物的牛奶，如高钙牛奶等。

---

[1] 欧钰婷.食物营养成分大全.广州：广东科技出版社，2008.

关于酸奶,这儿有一些你想知道的事儿

酸奶是以牛奶为原料,经过巴氏杀菌后加入发酵菌种发酵后,再冷却食用的一种奶制品。酸奶作为食品至少有 4 500 年的历史,最早的酸奶是游牧民族装在羊皮袋里的奶受到依附在袋上的细菌自然发酵,而成为奶酪。说到酸奶,可能很多人家的冰箱里从未间断过,可是关于酸奶你又了解多少呢? 我们在挑选酸奶的时候常常发现,超市里冷藏柜有卖杯装酸奶,常温奶柜台也有箱装酸奶,同样是酸奶,为什么保存条件却不同呢? 相比于盒装酸奶,很多人喜欢买低温酸奶,原因在于大家在选购酸奶时,都存在着"常温酸奶没有乳酸菌,不如低温酸奶有营养"、"常温酸奶没有低温酸奶酸,不如低温酸奶有营养"的错误认知。事实上,这是一种错误的说法。常温酸奶与低温酸奶的营养价值几乎相差无几,储存方式的不同主要源于其加工方式的不同。常温酸奶和低温酸奶工艺区别在哪呢? 下面就让我们一起来看看吧。

乳酸菌饮料与酸奶不一样!

乳酸菌饮料是指以乳或乳制品为原料,经乳酸菌发酵制得的乳液中加入水,以及食糖和(或)甜味剂、酸味剂、果汁、茶、咖啡、植物提取液等的一种或几种调制而成的饮料。

通俗来讲,酸奶是很浓稠的,平时我们喝的那种"很稀的酸奶",比如优酸乳、养乐多等,其实是乳酸菌饮料! 乳酸菌饮料与酸奶不一样!

乳酸菌饮料≠酸奶

乳酸菌饮料也分为活菌型和非活菌型两大类,通常来讲,活菌产品的有益作用更强,大家在选择时,不要把酸奶和乳酸菌饮料搞混了,此外,也要分清配置型含乳饮料和乳酸菌饮料,配置型含乳饮料是没有经过乳酸菌发酵的。

相比较来讲，酸奶的蛋白质含量较高，而乳酸菌饮料的活菌数较多，因此，如果想调节菌群平衡，可选择乳酸菌饮料，但是乳酸菌饮料不论是蛋白质、脂肪还是维生素和矿物质都远不如酸奶，而且乳酸菌饮料通常含糖量比较高，因此，不能用乳酸菌饮料来代替酸奶！

若想要补充钙和蛋白质等营养元素，推荐选择低温酸奶；若想补充乳酸菌，建议选择乳酸菌饮料，但一定要注意尽量选择含糖量低的饮品哦！

那常温/低温酸奶的又有何区别？

在此之前，我们首先要为大家介绍为什么传统的低温酸奶需要冷藏。传统低温酸奶是经由乳酸菌发酵而来，其每毫升中都含有大约几百万活的乳酸菌。如果不通过冷藏处理，这些乳酸菌就会过度生长发酵从而产生大量的乳酸及其他代谢产物这类产物会改变酸奶的口感并使其口味过酸，从而变得不那么好吃了。此外，酸奶未经杀菌去除有害微生物，若不在冷藏条件下储存，极易变质。因此，传统的酸奶需要在低温下冷藏储存从而抑制乳酸菌活性，并需要在 20～35 天保质期内食用，从而保证酸奶口味最佳。

而目前的常温酸奶，在传统的酸奶加工工艺中加了一道灭菌工艺（这类灭菌通常为巴氏灭菌），因此，常温酸奶又被称为灭菌型酸奶，而低温酸奶又被称为活菌型酸奶。巴氏灭菌又被称为低温灭菌，是采用较低温度（一般在零上 60～82℃），在规定的时间内，对食品进行加热处理，达到杀死微生物营养体的目的，是一种既能达到消毒目的又能很好保护食品营养成分的杀菌工艺。这道灭菌工艺不仅杀灭了酸奶中的乳酸菌，并杀灭了其余有害微生物，使得酸奶不仅可以在常温下储存而不过度发酵，并可以在常温条件下进行长时间储存。

总体来说，常温/低温酸奶的区别主要在于是否含有活性乳酸菌，低温酸奶含有乳酸菌，常喝更有利于儿童的肠道健康，除此之外，两者在营养成分上并无区别，营养价值几乎相差无几，"常温酸奶没有低温酸奶酸，不如低温酸奶有营养"是一种错误的说法，因为即便没有乳酸菌，酸奶中的蛋白质、钙和维生素仍然存在；但低温酸奶由于含有活菌，需要冷藏储存，常温酸奶则可在常温下储存，因此常温酸奶的储存及携带更为方便，更适宜出行携带饮用。大家在购买酸奶时可以根据需要选购，若要用于改善肠道健康或是促进消化，则可以选择低温酸奶，若是出行时饮用,则可选择常温酸奶。

酸奶杯盖上的一层"乳"是什么?

根据制作工艺不同,杯装酸奶分为搅拌型酸奶和凝固型酸奶,两者的区别主要是发酵前灌装还是发酵后灌装,发酵前灌装的凝固型酸奶,在发酵室发酵;发酵后搅拌灌装的是搅拌型酸奶,一般在发酵罐中发酵。

搅拌型酸奶的杯盖上会有一层"乳",就是大家平时喜欢舔的盖子上的比较浓稠的部分。这是因为在酸奶运输过程中,搅拌型酸奶由于质地较软、流动性强,在杯里晃来晃去,其中的一部分酸奶就会被"甩"到盖子上,并且粘在上面。所以"盖子上的一层乳更有营养"的说法,是一个误区。

酸奶中活的乳酸菌真的能进入肠道并发挥作用吗?

常说的酸奶的保健作用基于其含有的益生菌。酸奶中通常含有保加利亚乳杆菌和嗜热链球菌,但是这两种益生菌不属于能进入肠道定植的,它们在穿过胃肠道时可发挥一些抑制有害微生物生长的作用,但是会受到胃酸的影响光荣牺牲。少数酸奶中还含有嗜酸乳杆菌和双歧杆菌,这两种菌具有保健作用,能够进入人体的大肠中生存,不过在通过胃肠的过程中,只有极少数幸存下来,得以在大肠中栖息繁衍。

需要了解的是,当人体摄入足够多的活性益生菌的时候,才能充分发挥保健作用,前提必须是,摄入的量足够多,而且菌保持活性。因此,想通过饮用酸奶调节胃肠道的菌群平衡,非常困难。

教　授　爸　爸　课　堂

奶制品是儿童钙的最佳来源,为了满足儿童骨骼生长的需要,儿童应该把奶制品当做膳食组成的必需品。一般推荐,儿童每天食用或饮用的奶制品应达到相当于 300 克液态奶,即纯

牛奶或酸奶 300 克，或奶粉 12.5 克，或奶酪 10 克。

酸奶属于高密度营养食物，主要提供人体每天所必需的优质蛋白、维生素 B 族、益生菌等，对人体免疫力的调节和生长发育有重要意义。如果儿童有乳糖不耐受、饮用牛奶出现腹泻等症状，可以改为吃酸奶，牛奶中的乳糖是导致喝牛奶腹泻的"凶手"。在酸奶发酵过程中，乳糖部分变成乳酸和其他有机酸，减少了"乳糖不耐"的问题。

100 毫升酸奶营养成分参考[①]

热量 72(千卡)	碳水化合物 9.3(克)	蛋白质 2.5(克)	脂肪 2.7(克)	维生素 A 26(微克)
维生素 C 1(毫克)	维生素 E 0.12(毫克)	硫胺素 0.03(毫克)	胡萝卜素 0(微克)	核黄素 0.15(毫克)
烟酸 0.2(毫克)	胆固醇 15(毫克)	镁 12(毫克)	钙 118(毫克)	铁 0.4(毫克)
锌 0.53(毫克)	铜 0.03(毫克)	锰 0.02(毫克)	钾 150(毫克)	钠 39.8(毫克)
硒 1.71(微克)				

教授爸爸贴心叮咛

市面上果粒酸奶的很多果粒成分来自于添加果酱。而果酱经过高温煮制，已经不能和新鲜水果的营养价值相媲美。即便是真果粒，由于酸奶的保质期是 21 天，放了三个星期的果粒，营养价值也会打折扣，浓郁的香味可能来自水果香精。从果粒酸奶中摄取水果营养不太现实，还不如抽几分钟时间吃个

---

① 欧钰婷.食物营养成分大全.广州：广东科技出版社,2008.

新鲜水果。总之,对于孩子来说,不含添加成分的纯酸奶才是首选。调味酸奶含糖量略高,容易让孩子依赖甜味。如果想给孩子换一下口味,我们完全可以在家自己切一些水果丁或是加一点麦片调味。

蔬菜富含丰富的纤维素，能够刺激胃液分泌和肠道蠕动，增加食物与消化液的接触面积，有助于人体对食物的消化吸收，促进代谢废物的排出，并防止便秘。蔬菜吃得过少的孩子不仅各种维生素和微量元素摄入少，还易患营养缺乏症，降低免疫能力，影响蛋白质的吸收量。因此，无论是养生专家还是营养专家都建议孩子多吃蔬菜。本章内容以常见的蔬菜为例，旨在为大家科普关于蔬菜的小知识，教你如何吃得更好。

第三章

蔬菜小天地

冬笋知多少

冬笋由于笋质幼嫩，一直是颇受人们喜爱的一种食物。那么，关于冬笋你又知道多少呢？一起来了解一下冬笋的相关知识吧。

冬笋是立秋前后由毛竹（南竹）的地下茎（竹鞭）侧芽发育而成的笋芽。质量好的冬笋呈枣核形即两头小中间大，驼背鳞片，略带茸毛，皮黄白色，肉淡白色。冬笋素有"金衣白玉，蔬中一绝"的美誉，营养价值很高。它与其他季节的竹笋不同，"低调"地长在地下，尚未破土而出，含丰富的营养成分。

顾名思义，冬笋是冬天的竹笋，那么它和春笋有什么区别呢？

冬笋的营养

冬笋是一种有很高营养价值的美味食品。它质嫩味鲜，清脆爽口，一直很受人们欢迎。

冬笋中含有十分丰富的蛋白质和多种氨基酸、维生素，能提供人体所必须的能量和养分。然后，冬笋还含有钙、磷、铁等微量元素以及丰富的纤维素，能够促进肠道的蠕动，既有助于消化，又可以预防便秘和结肠癌的发生。此外，它所含的多糖物质，还具有一定的抗癌作用。但是，冬笋含有较多的草酸，与钙结合会形成草酸钙，患尿道结石、肾炎的人不宜多食。

总之，冬笋是一种高蛋白、低淀粉食品，一般人群都可食用，老少皆宜，味美价廉，营养丰富。

冬笋和春笋的区别

其实冬笋和春笋都是一家人，只不过采摘的时间不同，是以不同的时间来命名。冬笋和春笋都由竹鞭上的笋芽发育而成。冬笋一般指立秋前后由南竹地下茎侧芽发育而成的笋芽,还未露出泥土;而春笋则是立春后已经露出泥土表面的南竹的笋。

一般冬笋不会带有绿色,呈淡黄色;然而春笋的笋衣则是麻色,笋体带有绿色。冬笋肉质更细密,有一点涩麻又有一点鲜甜,口感很丰富;而春笋因为已经长出地面,就像树芽一样,所以更嫩滑爽口,但少了冬笋的丰富口感,但偏老的春笋容易纤维过多而吃着有渣的口感。

吃冬笋有麻嘴的感觉,还能吃吗?

很多人吃冬笋的时候经常会有嘴麻的感觉,这是怎么回事呢?是冬笋变质了吗?还能吃吗?

其实,新鲜的冬笋中有比较多的草酸,这在很多绿叶蔬菜中都存在。它会导致冬笋中出现涩味,吃多了就会有麻嘴的感觉。因此,冬笋麻嘴并不是它变质或产生有毒物质了,大家并不需要太过担心。对于吃起来嘴麻的冬笋,不会对人体产生危害,除了口感较差外,可以放心食用。

怎样去除冬笋的涩味,使它吃起来不麻嘴呢?

新鲜的冬笋在烹饪之前,可以先用沸水焯 3 分钟左右,去掉其中的大部分草酸,使涩味大大减轻。也可以在烹饪前用黄酒浸泡冬笋 5 分钟,再用清水冲洗干净,这样既能很好去除大部分涩味,又能保持笋本身鲜嫩的口感。另外,烹饪时加适量食醋,在调味的同时也能起到减轻涩味的作用。

教　授　爸　爸　课　堂

《中国居民膳食指南(2016)》的膳食宝塔中,蔬菜水果类在第二层。蔬菜建议每天总摄入量为 300～500 克,并且应该注意多种蔬菜的搭配。

冬笋是一种低糖低脂肪高纤维的食物，营养元素丰富，适当食用可以增强孩子肠胃功能，促进吸收和消化。冬笋有开胃健脾的作用，又不会使孩子发胖，因此适当吃点冬笋对宝宝的健康成长有好处。但是，冬笋虽好，小孩子也不能多吃。冬笋中含较多草酸，容易影响孩子对钙的吸收，从而影响生长发育。如果孩子消化功能不好或者牙没长齐，可以用冬笋炖汤食用。

100 克冬笋的营养成分参考[1]

热量 40(千卡)	蛋白质 4.1(克)	脂肪 0.1(克)	碳水化合物 3.5(克)
膳食纤维 0.8(克)	钙 22(毫克)	铁 0.1(毫克)	磷 56(毫克)
维生素 A 13(微克)	维生素 C 1.0(毫克)	胡萝卜素 1.2(微克)	视黄醇当量 88.1(微克)

教授爸爸贴心叮咛

冬笋既可以生炒，又可炖汤，其味鲜美爽脆。食用时可先用清水煮滚，再放到冷水中泡浸半天，去掉苦涩味，使其味道更佳。特别是给小孩子吃时，焯水可以去掉一定的草酸，减少对孩子的影响。

烹饪时要注意，炒冬笋的时候油温不能太热，否则不能里熟外白，味道大打折扣。

---

[1] 欧钰婷.食物营养成分大全.广州：广东科技出版社，2008.

关于花菜的那些事

相信大家都吃过花菜，它的品质鲜嫩，营养丰富，风味鲜美，深受大众欢迎。但是，大部分人不是很了解花菜的营养价值，今天让我们一起来看看吧。

花菜，又称花椰菜、菜花或椰菜花，是一种十字花科蔬菜，属十字花科植物甘蓝，以巨大花蕾供食，珍蔬之一。其产品器官为洁白、短缩、肥嫩的花蕾、花枝、花轴等聚合而成的花球，是一种粗纤维含量少的蔬菜。

除了颜色外，西兰花和花菜长得很像，那么你知道它们有什么区别吗？营养有什么不一样呢？

花菜的营养

总的来说，花菜的营养与一般蔬菜相比更加丰富。除了含有蛋白质、脂肪、碳水化合物、食物纤维等基本成分外，它还含有丰富的维生素 A、B、C、E、P 以及钙、磷、铁等矿物质。其中，维生素 C 的含量特别突出，每 100 克花菜中含量高达61 毫克，比同类的白菜、油菜等蔬菜多一倍以上。因此，花菜也被叫做"维 C 使者"，可以增强肝脏解毒能力，并能提高机体的免疫力。

此外，花菜还含有丰富的类黄酮，类黄酮不仅可以防止感染，还可以清理血管，阻止胆固醇氧化，防止血小板凝结成块，从而减少心脏病与中风的危险。最新研究还发现，花菜的主要成分还具有抗癌作用。花菜中的"索弗拉芬"能刺激细胞产生对机体有益的一种抗癌活性酶，对防止多种癌症起到积极的作用。因此在多个国家，花菜都被列为抗癌食谱中的一员。

花菜和西兰花

说起花菜，就不得不提到西兰花，那么你知道它们有什么区别吗？

花菜一般指我们平时所吃的那种白色或米黄色的花菜。而西兰花又名绿菜花、青花菜。如果仔细比较西兰花和花菜，就会发现西兰花和花菜除了颜色不一样之外，外貌还是挺像的。

两种花菜的营养都很丰富，富含矿物质、蛋白质、碳水化合物、纤维、维生素 C 等。但西兰花在某些营养成分上又高于花菜，最为突出的是维生素 C、胡萝卜素及叶酸。西兰花中维生素 C 含量比花菜高 20％左右，胡萝卜素则是花菜的 30 多倍，叶酸含量是花菜的 2 倍。另外，每百克西兰花所含的水分略少于花菜，但蛋白质、碳水化合物的含量都略高。

总之，花菜和西兰花都是营养十分丰富的蔬菜，值得大家食用。西兰花的营养价值要比花菜更高一些，但同时价格也贵一些，可以根据喜好和情况自由选择。

你见过紫色花菜吗？

市面上有一种紫色花菜，它呈现出紫色，让一些人不禁担心它是染色的，不能吃。其实，这些颜色并不是人工染的，而是生来如此。

紫色花菜原产欧洲地中海沿岸一带，属花椰菜的变种，商品性佳。它的蛋白质含量接近 3％，含量很高，这正好为喜欢植物蛋白的人群提供了一个很好的蛋白质获取途径。而且它的营养价值不比花菜差，除了具有普通花菜富含的维生素 C 之外，还含有花青素，对人体有很好的保健作用。

有人还怀疑：紫色的花菜会不会是转基因农产品。这个说法也不靠谱，转基因技术一般是提高农作物抗病性和耐储存性的，并不会用来改变蔬菜的颜色。花菜颜色的不同表示了其所含营养物质的差异，绿色的含有大量的叶绿素，紫色的则是花青素的含量比较高，这些成分出现在蔬菜中，大多利用的是杂交育种或选育变异的植株，而不是转基因，所以可以放心食用。

教 授 爸 爸 课 堂

蔬菜是我们健康饮食不能缺少的一部分，健康的身体需要

多种蔬菜的搭配以及每天一定量的摄入，小孩子可不能挑食哦。

花菜老少皆宜，老人小孩都能吃花菜，而且花菜的营养价值很好，一般人群都可以吃。花菜是属于蔬菜类的食物，相对来说也可以有效地补充我们身体所需的各种维生素。对于孩子来说经常食用这些蔬菜有利于促进孩子的生长发育，帮助孩子健康成长。

100 克花菜的营养成分参考①

热量 24（千卡）	蛋白质 2.1（克）	脂肪 0.2（克）	碳水化合物 3.4（克）
膳食纤维 1.2（克）	钙 23（毫克）	铁 1.1（毫克）	镁 18（毫克）
维生素 A 13（微克）	维生素 C 61（毫克）	胡萝卜素 0.7（微克）	维生素 E 0.43（毫克）

教授爸爸贴心叮咛

花菜富含维生素 B、C。这些成分属于水溶性，易受热分解而流失，所以花菜不宜高温烹调，也不适合水煮。可以采用焯水或划油的方式，之后再进行调味，避免爆炒时间过长而损失营养。

---

① 欧钰婷.食物营养成分大全.广州：广东科技出版社，2008.

神奇的洋葱

洋葱是一种很普通的廉价家常菜。由于其肉质柔嫩,汁多辣味淡,品质佳,适于生食而受人欢迎。在国外还被誉为"菜中皇后",营养价值较高。

洋葱又名球葱、圆葱、玉葱、葱头、荷兰葱,属百合科葱属,为 2 年或多年生草本植物。洋葱在我国分布很广,南北各地均有栽培,而且种植面积还在不断扩大,是目前我国主栽蔬菜之一。洋葱供食用的部位为地下的肥大鳞茎(即葱头)。根据其皮色可分为白皮、黄皮和红皮三种。白皮辣味淡,黄皮味甜而稍带辣味,红皮则带有较强的辛辣味。

切洋葱时经常会忍不住地流眼泪,你知道这是为什么吗? 有什么办法能够缓解这种情况呢?

洋葱的营养

洋葱营养丰富,而且气味辛辣,能够刺激胃、肠及消化腺分泌消化液,增进食欲,促进消化,且洋葱中不含脂肪,其精油中还含有可降低胆固醇的含硫化合物。

洋葱富含膳食纤维,有利于增加饱腹感、促进排便和肠道通畅。洋葱是目前所知唯一含前列腺素 A 的蔬菜,前列腺素 A 是一种较强的血管扩张剂,对减轻身体炎性反应、调控血压、降低血黏度都有帮助。洋葱钙质丰富,含量与小油菜、白菜等富钙蔬菜相当,而且还含有镁和钾,具有合适的钙磷比例,有利于钙的吸收。

此外,洋葱还含有低聚糖,它能不被胃和小肠消化,在大肠分解作为双歧杆菌等有益菌的食物。而且洋葱中的挥发性硫化丙烯,具有杀菌抑菌的作用,还能驱散害虫。

洋葱也含有槲皮素和硒,前者抑制癌细胞活性,阻止癌细胞生长,后者是一种很强的抗氧化剂,能消除体内的自由基,减轻体内氧化损伤。

切洋葱为什么会流眼泪?

洋葱中的催泪因子主要是由一类烷基半胱氨酸硫氧化物(ACSO)经一些特殊的酶作用而产生的。这种酶主要是蒜氨酸酶和催泪因子合成酶。

辣味的风味前体物质只在细胞质中,而蒜氨酸酶则在液泡中,它们互不打扰,相互过着和平的日子。所以完整的洋葱不会产生让人流泪的风味物质。

但是切洋葱时,洋葱细胞的液泡被破坏,蒜氨酸酶进入细胞液。在它的作用下,洋葱中的挥发性含硫风味前体物质,就会被转化为一种刺激性的挥发性物质,从而从洋葱中释放出来。而当这种物质进入眼睛时,就会刺激神经系统,使泪腺分泌眼泪。

怎样切洋葱才能避免流眼泪?

1. 可以在切之前将菜刀在冷水中泡一下。因为洋葱产生的刺激性气体都是溶于水的,所以菜刀上的水可以有效地吸收这些物质。

2. 对半切的洋葱在凉水里泡一下再切。主要是让洋葱细胞的风味前体物质释放出去,从而减少切洋葱时刺激性气体的生成。

3. 将洋葱在冰箱里稍作冷却再切。由于这反应是由酶参与的,所以在冰箱里冷却可以有效降低相关酶的活性,从而不产生刺激性的气体。

4. 在美国,有人通过杂交育种也培育出了一种"无泪洋葱",随着存放时间变长,它的挥发性物质会减少,逐渐失去催泪作用。

教 授 爸 爸 课 堂

洋葱的气味虽然比较难闻,但却富含丰富的营养素,是一

种比较好的蔬菜，如果孩子接受得了，可以适当地给孩子吃一些。

洋葱维生素含量高，对小孩子身体的生长发育有一定的好处，但一次不宜食用过多。洋葱是一种刺激性食物，具有较强的刺激辛辣的味道，吃之前可以先用凉水泡一会儿，这既能有效去除洋葱刺激的味道，也可以减少对肠胃的刺激。

100 克洋葱的营养成分参考①

热量 39（千卡）	蛋白质 1.1（克）	脂肪 0.2（克）	碳水化合物 8.1（克）
膳食纤维 0.9（克）	钙 24（毫克）	铁 0.6（毫克）	镁 15（毫克）
维生素 A 3（微克）	维生素 C 8（毫克）	胡萝卜素 0.5（微克）	维生素 E 0.14（毫克）

教授爸爸贴心叮咛

由于洋葱"催人泪下"，再加上食用后口中长久不散的难闻气味，很多人都不喜欢洋葱。但是，洋葱的营养价值是很高的，对健康有利。对于孩子来说，适当地食用洋葱也是十分健康的，但如果对洋葱过敏，则不能食用洋葱。

---

① 欧钰婷. 食物营养成分大全. 广州：广东科技出版社，2008.

原来番茄这么厉害

大家平时都吃过番茄,它一直是一种很受欢迎的蔬菜,也被称作蔬菜中的水果,既可生吃也可熟食,同时又具有丰富的营养价值,是一种十分健康的食物。

番茄,别名西红柿、洋柿子。番茄的"番"字有时也被误写作"蕃"。原产于中美洲和南美洲,中国各地均普遍栽培,夏秋季出产较多。现作为食用蔬果在世界范围内广泛种植。番茄的果实营养丰富,具特殊风味。可以生食、煮食、加工番茄酱、汁或罐藏。

番茄都有什么营养呢? 有人喜欢生吃番茄,而有人喜欢熟食,这两种吃法有什么不同呢?

番茄的营养

番茄含有丰富的对心血管具有保护作用的维生素和矿物质,有利于人体各种生理功能的调节,维持身体健康。

据营养学家研究测定:每人每天食用 50～100 克鲜番茄,即可满足人体对几种维生素和矿物质的需要。番茄富含维生素 A、维生素 C、维生素 B_1、维生素 B_2 以及胡萝卜素与钙、磷、钾、镁、铁、锌、铜和碘等多种微量元素,还含有蛋白质、糖类、有机酸、纤维素等营养成分。

番茄中含有的番茄红素具有独特的抗氧化能力,能清除自由基,保护细胞,使脱氧核酸及基因免遭破坏,能阻止癌变进程,有一定预防癌症的作用。

此外,番茄还含有尼克酸,它能维持胃液的正常分泌,促进红细胞的形成,有利于保持血管壁的弹性和保护皮肤。番茄中所含的苹果酸或柠檬酸,还有助于胃液对脂肪及蛋白质的消化。多吃番茄能够抗衰老,使皮肤保持白皙。

番茄生吃与熟食的区别

总体上，熟吃比生吃营养价值要高，但生吃和熟吃也各有侧重。一般来说，吃生的主要是补充维生素 C，而吃煮熟的则主要吸收番茄中的抗氧化剂。

经研究，随着加热时间的增长，番茄中番茄红素和其他抗氧化剂会越来越多。番茄红素作为一种抗氧化剂，其对有害游离基的抑制作用是维生素 E 的 10 倍左右。虽然加热过程中维生素 C 有所损失，但近年来，有越来越多的证据表明，水果蔬菜中的维生素 C 在抗氧化方面贡献很小。所以综合来看，番茄加热后其抗氧化剂活性得到了很大的提高，吃煮熟的番茄可以补充更多的抗氧化剂，预防各种疾病。当然，生吃番茄也是一种十分健康的吃法，也可以偶尔吃吃，注意吃之前要洗净。

吸收番茄的营养，不一定要用油炒

在日常生活中常常存在这样的一个误区：吃番茄要用油炒才有利于营养吸收，其实不然。的确，上文中提及的抗氧化剂"番茄红素"是一种脂溶性色素，可溶于脂，不溶于水。但是已经有研究表明，加热就可以增加番茄红素的含量并促进其吸收，并不一定要用油。也就是说不用加很多油，家庭正常的烹饪方式一般也能达到让番茄红素含量增加的 88℃。其次，对于正常饮食的人来说，膳食中总是会有油脂的，这些油脂不管是在菜肴中还是在人体的消化系统中，都能够很好地溶解番茄红素，帮助人体吸收。最后，油的能量很高，摄入过多很容易导致肥胖和各种心血管疾病。所以说，烹饪番茄还是不要加太多的油为好！

教 授 爸 爸 课 堂

据研究测定：每人每天食用 50～100 克鲜番茄，即可满足

人体对几种维生素和矿物质的需要。

西红柿的营养丰富,吃生的能补充维生素 C,吃煮熟的能补充抗氧化剂,适当补充可以提高孩子的抵抗力。平时可以适量地给孩子吃,但尽量不要空腹吃,如果有胃寒、腹泻等情况则最好不要生吃。每次吃的量要适当,一般来说生吃番茄一天一个就很足够了。当然每天还要与其他的蔬菜水果搭配,营养更全面,才能更健康。

100 克番茄的营养成分参考①

热量 19(千卡)	蛋白质 0.9(克)	脂肪 0.2(克)	碳水化合物 3.5(克)
膳食纤维 0.5(克)	钙 10(毫克)	铁 0.4(毫克)	镁 9(毫克)
维生素 A 92(微克)	维生素 C 19(毫克)	胡萝卜素 0.5(微克)	维生素 E 0.57(毫克)

教授爸爸贴心叮咛

未成熟的青色番茄不能吃哦,因它含有毒的龙葵碱。食用未成熟的青色番茄,会感到苦涩,吃多了,可导致中毒,出现头晕、恶心、周身不适、呕吐及全身疲乏等症状,严重的还会有生命危险。

---

① 欧钰婷. 食物营养成分大全. 广州：广东科技出版社,2008.

"营养模范生"——菠菜

菠菜营养丰富，绿色健康，是很多人喜欢的蔬菜。那么，关于菠菜，你又了解多少呢？一起来看看吧。

菠菜又名波斯菜、赤根菜、鹦鹉菜等，属藜科菠菜属，一年生草本植物。植物高可达 1 米，根圆锥状，带红色，较少为白色，叶戟形至卵形，鲜绿色，全缘或有少数牙齿状裂片。菠菜的种类很多，按种子形态可分为有刺种与无刺种两个变种。

许多人都记得，动画片里大力水手用来补充能量的东西就是菠菜。那么，菠菜的营养是怎样的呢？为什么叫菠菜"营养模范生"呢？有些人吃菠菜时喜欢把菠菜根去掉，这样真的好吗？接下来，我们就一起学习一下关于菠菜的知识，解决这些疑问吧。

菠菜的营养

由于营养丰富，菠菜有"营养模范生"之称，它富含类胡萝卜素、维生素 C、维生素 K、矿物质（钙质、铁质等）、辅酶 Q10 等多种营养素，具有较高的营养价值。由于菠菜的维生素含量丰富，它也被称为"维生素宝库"。

菠菜中含有大量的 β-胡萝卜素和铁，同时也含有维生素 B_6、叶酸、铁和钾。其中丰富的铁可以改善缺铁性贫血，令人面色红润，光彩照人，因此常被当作养颜佳品。丰富的 B 族维生素使其能够防止口角炎、夜盲症等常见维生素缺乏症的发生，对于儿童的生长发育有促进作用。

菠菜叶中含有类胰岛素样物质，其作用与胰岛素非常相似，能使血糖保持稳定。菠菜中还含有大量的抗氧化剂如维生素 E 和硒元素，具有抗衰老、促进细胞增殖作用，既能激活大脑功能，又可增强青春活力，有助于防止大脑的老化。

为什么吃菠菜时不要去菠菜根呢?

春菠菜的根是红色的,茎叶为绿色,所以,很久以来,它就有一个美名为"红嘴绿鹦哥"。人们在择菠菜时,经常会习惯上的只吃它的茎叶,而认为根老不好吃,所以将其去掉,这种做法是错误的。

吃菠菜不要去根,一方面可以丰富菜肴的色泽搭配,但更重要的是菠菜根的营养价值不低,含有纤维素、维生素和矿物质,却不含脂肪。由此看来,吃菠菜时如果不吃菠菜根,相当于舍弃了这一部分的营养物质,实在可惜。

菠菜和豆腐一起吃,并不会得肾结石

关于这则传闻,其理论依据来自于"菠菜中的草酸会与豆腐中硫酸钙结合,从而形成不溶性的沉淀"这个化学反应。菠菜中不但含铁,还含有大量的草酸,而豆腐中则含有硫酸钙,"酸遇钙"就会形成沉淀也就是所谓的"结石"。事实上,这种反应几乎不会发生。

根据正常人进食的情况,日常吃菠菜豆腐,根本不足以产生反应。更重要的是,草酸极易溶于水,只需把菠菜在沸水中焯1分钟捞出,即可除去大部分的草酸。一般烹饪时,我们都是先炖豆腐,快好的时候再放焯过的菠菜,这样混在一起吃就没有问题了。所以在理论上,这个化学反应产生的概率几乎为零。

而残留在菠菜中的草酸也不会引起结石。因为与含钙量高的豆腐一起吃,让一部分钙质和草酸结合成草酸钙,形成的草酸钙会直接进入胃,既不会大量进入血液里,又不会大量进入尿液里形成草酸钙结石,而是经过消化道随粪便排出。这就比人体吸收了草酸后再通过肾脏排出要好得多,因为草酸钙随着粪便排出就会减少草酸的吸收,也降低了它们在肾脏排出时形成结石的风险。

教 授 爸 爸 课 堂

　　菠菜再好也不能天天吃。有人认为每天换样吃菠菜就能补充更多的营养素了。不好意思，每天都吃菠菜的话，无论怎么焯，吃进去的草酸量也一定会很高。所以，菠菜不能天天吃，一周不超过三次，一天最多不要超过 500 克，一般情况下 200～300 克即可。一顿饭炒一盘菠菜，一周隔一两天吃一次，这是没有任何不良影响的。

100 克菠菜的营养成分参考①

热量 24(千卡)	蛋白质 2.6(克)	脂肪 0.3(克)	碳水化合物 2.8(克)
膳食纤维 1.7(克)	钙 66(毫克)	铁 2.9(毫克)	镁 58(毫克)
维生素 A 487(微克)	维生素 C 32(毫克)	胡萝卜素 1.4(微克)	维生素 E 1.74(毫克)

教授爸爸贴心叮咛

　　其实，营养学上根本不存在什么食物相克。任何一种食物都含有很多种营养素，而食物间营养素的相互影响是客观存在的，这种影响通过平衡膳食可以进行弥补，但不能简单将其归为"相克"。

---

　　① 欧钰婷. 食物营养成分大全. 广州：广东科技出版社，2008.

你喜欢吃香菜吗?

关于香菜,有外国网友吐槽:吃香菜＝啃肥皂! 于是,人们出现了两大阵营,"香菜粉"和"香菜黑"。

"香菜粉"就是喜欢香菜的朋友们。"香菜粉"认为,香菜味道鲜美,并且"香菜粉"对香菜上瘾,认为香菜是火锅必备调味料。

"香菜黑"就是不喜欢吃香菜的朋友们。"香菜黑"认为,香菜味道奇怪,如果你让"香菜黑"吃一口香菜,简直像吃毒药。甚至还有外国朋友说,"香菜吃起来有一股塑胶垃圾的味道……"总之,"香菜黑"认为,美食＋香菜＝go die(狗带)。于是,"香菜黑"成立了一个"反香菜者联盟",该联盟甚至将小到纽扣,大到 T 恤都印上抵制香菜的文字、图示。

可是,要知道,中国的很多美食都要放入香菜的,没有香菜,中国美食简直失去了半壁江山。其他国家也有很多香菜味道的美食,比如,日本的香菜薯片、欧洲的香菜啤酒。

你知道为什么有人不爱吃香菜吗?

调查数据显示,世界上大约有 1/7 的人不爱香菜的味道,形容香菜味道如同肥皂。研究发现,SNP 遗传变异在对香菜的味觉感受中占有了一定的比例,不爱香菜的人都拥有一个名为 OR6A2 的特定基因。这是一个用于检测香菜中的独特气味的基因。所以,不喜欢吃香菜并不是挑食、矫情,可能是基因在作怪。因此,不喜欢香菜不是罪哦。

香菜的香味到底是何方神圣?

香菜中含有许多挥发油,其特殊的香气就是由多种挥发油物质融合而成。目前已经从香菜当中鉴定出 40 多种化学成分，这其中能够产生气味的挥发性成分中又以醛类物质和醇类物质为主，如芳樟醇、甘露醇、葵醛等。其实能够散发出特殊香气对香菜来说也是一种保护机制，正因为如此，香菜在生长的过程中一般少遇虫害，也就不太需要喷洒农药，人们吃起来也就会更加放心。

你知道香菜都有哪些功效吗?

香菜其实很有营养，那么香菜到底有哪些营养呢？让我们来看一下吧！香菜富含水分、维生素 C、胡萝卜素和矿物质，其维生素含量比普通蔬菜高很多，一般人食用 7～10 克香菜叶就能满足人体对维生素 C 的需求量。胡萝卜素也比西红柿和黄瓜等高出 10 倍以上，而且香菜的嫩茎中含有甘露糖醇等挥发油，还含有苹果酸钾等营养物质。因此，吃香菜具有很多的好处。

香菜能够去腥膻、增味道。香菜中含有许多挥发油，能挥发出特殊的香气，从而祛除肉类的腥膻味，因此在一些菜肴中加些香菜，即能起到去腥膻、增味道的作用。

香菜能够增进食欲促消化。营养分析表明，香菜中含挥发油、维生素 C、苹果酸钾等。香菜的香气是由醇类和烯类组成的挥发油及苹果酸钾引起的，入食香菜后可使胃液分泌增加，调节胃肠蠕动，有开胃的功效。

香菜有利于排毒。香菜中含有全草汁液，具有抑制体内铅的积累和肾脏铅中毒的效果，经常吃香菜可以帮助身体排出铅。香菜根中的皂苷能保护血管内皮细胞并防止细胞老化，可以扩张血管，促进血液循环。

教 授 爸 爸 课 堂

香菜是人们熟悉的提味蔬菜，状似芹，叶小且嫩，茎纤细，味郁香，是汤、饮中的佐料，多用于凉拌菜佐料，或在烫料、面类中提味用。

孩子如果不吃香菜,并不是挑食,可不要强迫孩子吃了。香菜营养丰富,如果孩子接受得了香菜的味道,平时吃一些对生长发育还是有好处的。

100 克香菜的营养成分参考①

热量 31(千卡)	蛋白质 1.8(克)	脂肪 0.4(克)	碳水化合物 5.0(克)
膳食纤维 1.2(克)	钙 101(毫克)	铁 2.9(毫克)	镁 33(毫克)
维生素 A 193(微克)	维生素 C 48(毫克)	胡萝卜素 1.1(微克)	维生素 E 0.8(毫克)

教授爸爸贴心叮咛

香菜虽好,但是也千万要注意,家里的香菜如果出现腐烂或者发黄的现象,就不要食用了,因为这样的香菜不仅没有了原本的香气,还丧失了大部分营养。

---

① 欧钰婷. 食物营养成分大全. 广州：广东科技出版社,2008.

金针菇真的不消化吗?

说起吃火锅很多人都喜欢,不仅有各种各样的蔬菜和牛肉羊肉,还有各种菌菇。其中金针菇是很多人吃火锅时不能缺少的一种菌菇,好像这几年它突然在菌菇中火了起来,你是不是也听说它有个别名叫 see you tomorrow,因为它怎么进去就怎么出来,才有了这个名字。的确,金针菇是不易被人体消化,但注意,它可不是不能被消化哦。

金针菇学名毛柄金钱菌,又称毛柄小火菇、构菌、朴菇、冬菇、朴菰、冻菌、金菇、智力菇等,因其菌柄细长,似金针菜,故称金针菇,属伞菌目白蘑科针金菇属,是一种菌藻地衣类。金针菇具有很高的药用、食疗价值。

金针菇营养丰富

鲜金针菇富含 B 族维生素、维生素 C、碳水化合物、矿物质、胡萝卜素、多种氨基酸等营养物质。金针菇干品中含蛋白质 8.87%,碳水化合物 60.2%,粗纤维达 7.4%,经常食用可防治溃疡病。

据测定,金针菇氨基酸的含量高于一般菇类,尤其是赖氨酸的含量特别高,赖氨酸具有促进儿童智力发育的功能。有研究又表明,金针菇所含的一种物质具有很好的抗癌作用。金针菇具有很好的食用药用价值。

为什么金针菇不易被消化呢?

金针菇被称为穿肠而过的"旅行者"。它不易被消化是因为富含膳食纤维——真菌多糖,其主要成分是几丁质。几丁质是一种膳食纤维,是某些真菌细胞壁的组成部分,一般只溶于无机强酸。

有时候看到一点没有被消化的金针菇也不要害怕。我们吃进去的金针菇,经过胃酸的加工,被分解成"食糜",但还有一部分没被腐蚀掉,完完整整地来到了小肠。由于小肠里是碱性的,不能再继续分解,它就会随着粪便排出来。所以排泄物里幸存的金针菇,只是因为还没有来得及被消化,其实,金针菇中大部分的蛋白质、维生素、微量元素等营养物质,已被消化吸收。

不建议吃金针菇的根部

金针菇的根部不是很干净,很容易夹杂一些异物和脏东西,尤其是菌基中的黑色物质,很难清洗,因此,在洗金针菇之前建议先将金针菇的根切掉。其次,就算能保证洗干净根部,但金针菇的根部容易木质化,不容易咀嚼,难消化,所以一般也是不建议吃的。因此,买金针菇的时候这段根部越少越好,也更新鲜些。

当然,根是没有毒的,洗干净的话,吃了也没关系。

吃金针菇到底好不好?

金针菇是营养丰富的蔬菜,可以有效预防肝病、胃肠溃疡、高血压和肥胖等。老年人多吃些金针菇可以有效地降低体内的胆固醇含量。金针菇含锌,有促进儿童智力发育和健脑的作用,在日本等许多国家被誉为"益智菇"和"增智菇"。此外,由于金针菇是一种高钾低钠食品,还有抗肿瘤、抗疲劳、预防心脑血管疾病的作用。但是任何东西都要适量食用,过量食用给肠胃造成负担,反而会起副作用。金针菇性寒,脾胃虚寒者需要谨慎食用。

教 授 爸 爸 课 堂

金针菇不止味道鲜美,还是特别适合孩子食用的营养菇,孩子常吃少生病长身体,国外还称它为"增智菇",能帮助宝宝智力发育。但是金针菇不易被咬断也不易消化,给孩子吃时

建议切掉根部，然后切小一些给孩子吃，避免孩子嚼不断而噎住。

100 克金针菇的营养成分参考①

热量 26(千卡)	蛋白质 2.4(克)	脂肪 0.4(克)	碳水化合物 3.3(克)
膳食纤维 2.7(克)	锌 0.39(毫克)	铁 1.4(毫克)	镁 17(毫克)
维生素 A 5(微克)	维生素 C 2(毫克)	胡萝卜素 1.0(微克)	维生素 E 1.14(毫克)

教授爸爸贴心叮咛

需要注意的是，生的金针菇不要吃。未熟透的金针菇中含有秋水仙碱，人食用后容易因氧化而产生有毒的二秋水仙碱，它对胃肠黏膜和呼吸道黏膜有强烈的刺激作用。秋水仙碱易溶于水，充分加热后可以被破坏，所以金针菇一定要熟透了才能吃。

① 欧钰婷. 食物营养成分大全. 广州：广东科技出版社，2008.

水果是我们生活当中必不可少的食品，大家都知道水果中富含维生素、糖分和纤维素，还有部分水果还含有机酸，平时多吃点水果能够为身体补充营养素。虽然水果几乎天天与人们相伴，但不少人却对水果知之甚少，不仅会被一些流言所欺骗，对于如何科学挑果、吃果也不甚了解。冻干水果真的好吗？樱桃和车厘子有什么区别？上面的小白虫又是什么？水果店的荔枝为什么泡在水里？本章以水果为专题，以击碎水果的流言为目的，揭开水果的秘密，教你如何科学挑选水果、吃水果。

第四章

水果小秘密

冻干水果真的好吗？

近来各类冻干食品可谓是零食界的新宠了，各类冻干水果干：冬枣干、草莓干、榴莲干，甚至还出现了"蔬菜同款"，秋葵干，这些冻干食品凭借其酥脆的口感、复原度极高的味道、营养成分保留率高等优点，深受孩子喜爱，也因此迅速占领了线上线下的各个零食店，获得了不菲的销量。但同时也引起了家长的担心，这些水果干有营养吗？

那么，冻干食品的原理是什么？它真的能保留水果、蔬菜中的大部分营养成分吗？它能否完全替代新鲜的水果蔬菜呢？今天我们就来为大家逐一进行介绍。

冻干的原理是啥？

冻干全称冷冻干燥。它是将原料放置在 $-40℃$ 条件下冷冻，待原料中的水分完全冻结后，将干燥箱中的空气抽离，使其形成真空环境，在真空环境下固态的冰可以直接升华为气态的水蒸气，从而达到冻干目的。经由冻干处理的食品，其水分脱除率可以达到95％以上。最早期，冻干技术应用于食品行业主要是为储存一些不易保存的，或者季节性较强的蔬菜。后来随着技术的普及，越来越多的原料被冻干处理以获得更新颖的口感及风味。

由于冻干处理是在完全低温（0℃以下）低氧的环境下操作的，且环境压力极低，可以很大程度保护食物原料中的容易受热分解、受高压分解或者易被氧化的营养成分不受破坏。此外，冻干技术处理的食物无需添加任何防腐剂，也更加适应当今人们对于天然食物的需求。

而经由冻干处理的果蔬，它的外表形态、体积几乎没有变化，但内部结构变得更为疏松多孔，因此，冻干后的果蔬干往往口感十分酥脆，也因此更受小朋友的喜爱。

冻干真的能完全保留食物中的营养成分吗?

有人曾经做过实验,将热风干燥、热风膨化干燥、冷冻干燥三种干燥方式用于紫桑果的干燥,并测量干燥后其主要生物活性成分花青素的含量,通过比较发现,冷冻干燥后的紫桑果,其花青素含量损失最少(约损失了5%),且非常接近于新鲜的紫桑果,而同时进行的热风干燥,其花青素含量大约损失了80%。因此,相比较市面上常见的干燥方式,冻干处理可以极大程度保留原料中的营养成分。若是在同类水果干中选择,我们更建议给孩子食用冻干水果干,它的营养会保留得比油炸、烘干水果干更多。

但同时,冷冻干燥仍不能完全保留所有的营养成分。与所有干燥方式一样,冷冻干燥是通过除去食物中的绝大多数水分从而达到延长食物保质期的目的,但在除去水分的同时,会造成许多水溶性维生素(如维生素C)的损失。

除此之外,原料中若含有低沸点的挥发油成分,在冻干后也会大部分挥发损失;还有一些化学反应活性较高的生物碱和黄酮类物质,在失水过程中也会造成一定的破坏。

冻干食品能完全代替新鲜水果蔬菜吗?

首先,冻干食品不能完全替代果蔬。正如之前所言,冻干技术仍旧会对原料中的营养成分造成一定损失,所以在营养成分上来说,冻干食品的营养成分仍不及普通的新鲜果蔬。此外,冻干后的果蔬由于除去了其所含的大部分水分,其糖分得到富集,即热量增大了好几倍。若按一颗苹果中的水分含量为85%计算,冷冻干燥后的苹果干含水量为5%,那么吃200克的苹果干,相当于摄入了1.3千克的新鲜苹果的热量,也就是等于吃了4个鲜苹果。这么一算下来,果蔬干的热量可并不低,而且由于失去了水分,不容易造成饱腹感,且味道偏重,很容易让孩子不小心吃过量,导致对正餐的食欲降低,这样是不利于孩子正常的生长发育的。

教 授 爸 爸 课 堂

　　综合来说，我们更建议大家给孩子食用新鲜的水果蔬菜，其营养更全面，也不会影响孩子的食欲。冻干水果可以作为孩子偶尔的小零食，但绝对不能代替水果的位置。

　　《中国居民膳食指南(2016)》的膳食宝塔中，蔬菜水果类在第二层。水果建议每天总共摄入 200～350 克，最好都是新鲜的水果，这样营养更全面。

100 克冻干水果的营养成分参考①

热量 349(千卡)	蛋白质 4.1(克)	脂肪 0(克)	碳水化合物 79.1(克)
膳食纤维 6.0(克)	钙 0(毫克)	铁 0(毫克)	维生素 C 0(毫克)

教授爸爸贴心叮咛

　　冻干技术可以大大延长水果的保质期，但是却丧失了部分营养，再加上目前冻干技术尚未得到大量普及，冻干后的果蔬干成本也更高，所以在有条件吃新鲜果蔬的情况下，相比较冻干的果蔬干，当然还是新鲜果蔬更为物美价廉。

---

① 欧钰婷.食物营养成分大全.广州：广东科技出版社，2008.

最爱的樱桃，你了解多少?

　　樱桃美味可口，一直深受大家的喜爱，那么关于樱桃你又了解多少呢?

　　樱桃，外表色泽鲜艳、晶莹美丽，红如玛瑙，黄如凝脂，果实富含糖、蛋白质、维生素及钙、铁、磷、钾等多种元素。尝起来酸酸甜甜，是一种很受欢迎的水果。但是，我们经常会看到超市里的车厘子也和樱桃长得很像，价格却更贵。

　　樱桃和车厘子是一种水果吗? 它们有什么联系和区别呢? 有时会看到樱桃上有白虫，这是什么，还能吃吗? 如何正确清洗樱桃呢? 让我们一起来看看吧。

樱桃和车厘子到底有什么区别?

　　说到樱桃和车厘子，可能很多人傻傻分不清楚。那么樱桃和车厘子到底有什么区别呢? 这得先从樱桃的种类开始说起。

　　我们市场上的樱桃，实际上是三个不同的物种：中国樱桃、毛樱桃和欧洲甜樱桃。因此，出于对不同物种命名方面的考虑，将欧洲甜樱桃称为"车厘子"，其实并不算错。但是，如果将本土的中国樱桃或毛樱桃也称作车厘子，那就是张冠李戴了。

　　事实上，直到上世纪上半叶，中国人口中的樱桃，基本还只有两种，即中国樱桃和毛樱桃。它们同属不同种，但都是皮薄肉软的，而且供应期短，柔软的果肉不易储存运输是其软肋。欧洲甜樱桃跟传统的中国樱桃属不同种。车厘子的果子个头更大，身板也不错，较为紧实的果肉使得其可以进行长距离运输。

　　19 世纪 80 年代，欧洲甜樱桃品种引进到我国，在山东一带开始种植。由于它的个头大，起初人们以"大樱桃"相称。而在南方，特别是两广、港澳台地区，由于中国樱桃和毛樱桃难以种植，因此主要吃的也是欧洲甜樱桃，他们对这种水果的叫法就是 cherry 的音译"车厘子"。后来，车厘子叫法则更为普及。

樱桃上的小白虫到底是什么？

樱桃也有小白虫？是的，你没有看错，除了常见的杨梅以外，樱桃中也隐藏着小白虫。樱桃里冒出的白虫到底是什么？这是一种名为"樱桃果蝇"的昆虫幼虫。樱桃果蝇是果蝇的一种，不光是樱桃，在杨梅、蓝莓、草莓这些浆果类植物上都经常能找到。樱桃果蝇成虫喜欢在樱桃的果皮下产卵，每年会产 10 次左右，这些卵在樱桃里孵化，待变成幼虫后就以果肉为食，网友所看到的就是在樱桃内部孵化出来的幼虫。

吃了"果蝇幼虫"对人体到底有没有害？

樱桃里面的小肉虫根本扛不住胃酸的侵蚀，进入人体的胃就会死亡，成为食物中的蛋白质。虽然果蝇跟我们平常看见的家蝇一样，都属于双翅目下面的短角亚目蝇科昆虫，但是果蝇从孵化幼虫到长成成虫，整个阶段都在无污染的环境中进行，很少会产生病菌，这一点是家蝇所不能比的。樱桃里面有果蝇幼虫这样的现象在全国都有，并不是什么严重的问题，果蝇幼虫的主要成分就是蛋白质，就跟我们平常吃的鸡蛋白一样，除了心理上会感觉不舒服外，人吃了什么事都没有，不会对人体产生危害。

如何正确清洗樱桃？

首先用自来水连续冲洗几分钟，把樱桃表面的病菌、农药及其他污染物除去，此时不要先浸在水中，以免农药溶出在水中后再被樱桃吸收。然后把樱桃浸在淘米水（宜用第一次的淘米水）及淡盐水（一盆水中加半调羹盐）中 5 分钟。淘米水呈碱性，可促进呈酸性的农药降解，具有分解农药的作用；淡盐水可以杀灭樱桃表面残留的有害微生物，且有一定的消毒作用。再用自来水冲净淘米水和淡盐水以及可能残存的有害物。最后用净水（或冷开水）冲洗一遍即可。

教 授 爸 爸 课 堂

　　每百克樱桃中的含铁量很高,因此,孩子吃樱桃可以满足体内对铁元素的需求,促进血红蛋白再生,既可防治缺铁性贫血,又可增强体质,健脑益智。不仅如此,樱桃看着就让人很有食欲,酸甜适中的果肉更是让人回味无穷,很多家长都会选择樱桃来给孩子开胃,增强孩子的食欲。需要注意的是,一定不要让孩子吃樱桃核,最好先去核后再给孩子吃。

100 克樱桃的营养成分参考①

热量 46(千卡)	蛋白质 1.1(克)	脂肪 0.2(克)	碳水化合物 9.9(克)
膳食纤维 0.3(克)	钙 11(毫克)	铁 0.4(毫克)	镁 12(毫克)
维生素 A 35(微克)	维生素 C 10(毫克)	胡萝卜素 0.5(微克)	维生素 E 2.22(毫克)

教授爸爸贴心叮咛

　　樱桃虽好,也不能多吃。樱桃含铁量高,孩子吃多了会有肝脏负担,也更容易流鼻血,一天最多给孩子吃 4～5 颗樱桃就足够了。有溃疡或上火症状的孩子,就不宜食用樱桃了。

① 欧钰婷. 食物营养成分大全. 广州:广东科技出版社,2008.

水果店卖的荔枝为什么要泡在水里？

荔枝水分多味道甜美，深受大众喜爱。相信很多人在购买荔枝的时候就会发现，荔枝都是泡在水里或者置于冰块上。那么，大家知道荔枝为什么要泡在水里？"一骑红尘妃子笑，无人知是荔枝来"这句诗便是对荔枝保鲜最好的诠释，需要如此快马加鞭，也说明了荔枝保鲜期的短暂。荔枝泡在水里便是如此。那么就让我们一起来看看为什么荔枝要泡在水里吧。我们又该如何挑选新鲜的荔枝，新鲜荔枝如何保鲜呢？

荔枝为什么要泡在水里？

荔枝在二三十度的气温下，室外保存一两天就会变质。而且，荔枝不放在水里的话很容易干掉。荔枝属性特殊，离不开水，不然外观颜色就会发生褐变。放在水里可以保鲜，并且存放的时间可以更久。

荔枝不易储藏与它的结构和生长环境有一定关系。荔枝的外果皮看似可以提供额外的防护，但实际上它的组织疏松、空隙很多，水分很容易流失。而且，荔枝外果皮与中果皮之间的细胞含有多酚类物质，如果碰到多酚氧化酶和过氧化物酶，也很容易发生褐变。

另外，荔枝也很容易被各种微生物污染。微生物的侵染不但是荔枝褐变的原因之一，而且还会造成腐烂变质。如果不对荔枝进行防腐保鲜处理，很多人恐怕根本就吃不到荔枝了。

那么荔枝可以放冰箱冷冻吗？

荔枝最好放在保鲜区，不要放在冷冻区，否则会冰坏掉的，放在冰箱里冷藏，也会"冻伤"，荔枝的外皮颜色会变暗，内果皮则会出现一些像烫伤了一样的斑点,往往不能再吃。另外,将荔枝在0℃的环境中放置一天,就会表皮变黑,果肉变味。荔枝在7～10℃的条件下可以保存一周,而放进冰箱可以保存一个月左右。

新鲜荔枝如何保鲜?

1. 首先要把吃剩下的荔枝重新检查一下,把已经开始霉变的荔枝扔掉,要不然细菌会直接攻击其他健康的荔枝。

2. 将荔枝的枝干剪掉,因为枝干会吸收荔枝的水分,不利于保鲜。然后将荔枝分成小份用袋子装起来,最好是密封。

3. 将密封好的荔枝放入冰箱。

很多荔枝其实是"双胞胎"

我们在水果摊上挑荔枝的时候,经常遇到带个把儿的荔枝。因为荔枝有两个心皮,按道理来说,是可以发育出两颗果实的。然而,在大多数养分不足的自然条件下,荔枝之间也只能适者生存,只有一个心皮可以最终发育为果实,另一个停止吸收营养,并源源不断地用"爱"供养另一个。当然,也有营养充足,两个心皮同时发育的情况,同时发育的结果,就是我们能有更多的荔枝吃。

荔枝好吃也不能多吃

荔枝虽然好吃但也不能多吃。因为荔枝本身糖分含量高,果肉又被一个外壳包住,糖分经无氧呼吸后,会产生酒精和二氧化碳,增加无氧呼吸的速度,导致其产生乙醇速度增快。在吃荔枝的过程中,口腔中的很多酶会对荔枝的糖分进行分解,分解出酒精,并在口腔里迅速发酵。因此,如果在吃完荔枝后立即开车是有可能被测出"酒驾"或"醉驾"的。此外,苹果、葡萄、猕猴桃等一些水果,如果放置时间长,都有可能产生酒精。

教 授 爸 爸 课 堂

《中国居民膳食指南(2016)》的膳食宝塔中,蔬菜水果类在第二层。水果建议每天总摄入量为 200~350 克,并且应该注意多种水果的搭配。

荔枝营养丰富,含葡萄糖、蔗糖、蛋白质、脂肪以及维生素 A、B、C 等,并含叶酸、精氨酸、色氨酸等各种营养素,对人体健康十分有益。现代研究发现,荔枝有营养脑细胞的作用,可改善失眠、健忘、多梦等症,并能促进皮肤新陈代谢,延缓衰老。然而,过量食用荔枝或某些特殊体质的人食用荔枝,也有可能发生意外。

100 克荔枝的营养成分参考[①]

热量 70(千卡)	蛋白质 0.9(克)	脂肪 0.2(克)	碳水化合物 16.1(克)
膳食纤维 0.3(克)	钙 2(毫克)	铁 0.4(毫克)	镁 12(毫克)
维生素 A 2(微克)	维生素 C 41(毫克)	胡萝卜素 0.4(微克)	视黄醇当量 81.9(微克)

教授爸爸贴心叮咛

食用荔枝等高糖分水果,建议在餐后半小时左右,切忌空腹食用。孩子和老人,别吃太多,每次不超过 5 颗。荔枝糖分比较高,吃多了糖分不能马上代谢成葡萄糖,就会促使人体分泌较多胰岛素,但肝脏短时间不能把果糖分解成葡萄糖,就会导致低血糖,从而出现不适症状。

---

① 欧钰婷. 食物营养成分大全. 广州:广东科技出版社,2008.

长了黑斑的芒果还能吃吗?

芒果是一种香甜可口,营养丰富的热带水果,不少爱芒果的人,都会在家中备上很多芒果。但是细心的人就会发现芒果放上一段时间,就会出现一定的问题,最明显的问题就是芒果会长小黑斑,不少人就会觉得这是芒果坏了,吃不得,扔了呢又觉得可惜。其实,芒果长黑斑能不能吃需要视具体情况而定。下面就为大家介绍一下芒果为什么会长黑斑,有黑斑的芒果到底能不能吃,在家如何催熟青芒果。让我们一起来看看吧。

小黑斑是怎么形成的呢?

芒果表面出现黑斑的原因有很多,芒果的果皮中含有多酚氧化酶类,当芒果在运输过程中受到挤压,或者在储存时经过冷冻,其内部细胞会破损,细胞内的酚类物质被氧化为褐色的醌类物质释放出来,在外皮上就会出现黑色的斑点,这种情况被称作芒果褐变。

因为芒果的保质期短,如果需要经过长途运输的话,一般是在未成熟的时候就将其摘下,然后在其中放入石灰,使其慢慢成熟。在粘到石灰的地方就有可能把果皮磕碰了,也就形成了现在的黑斑。

另外,芒果细菌性黑斑病也是一种常见病,同样会使芒果出现黑斑。这种黑斑可能出现在芒果的枝条、树叶、果柄及果实上,果实上的病斑初期呈水渍状,而后转黑色,隆起,呈星状开裂。如果这一病害发生在芒果采摘前,只影响芒果的卖相,而果肉则通常不受影响。

长了黑斑的芒果还能吃吗?

如果黑斑只是长在果皮,没有深入到果肉里,只要清洗干净,把皮剥掉,还是可以吃的。而且，此时的芒果会更甜。就像香蕉一样，当其果皮变黑了的时候它是最甜的。

但是，如果出现大面积的黑点，而且果肉也已经腐烂，这样的芒果就不要吃了。所以，我们在购买的时候，最好不要买长黑点的芒果，因它不容易保存，易腐烂。

在家怎么催熟青芒果？

为避免买回来的芒果很快就长黑斑、变质腐烂，超市里也常常售卖青色的芒果，必须在家催熟后才能吃。我们可以用以下三种方法催熟青的芒果。

1. 水果催熟

可以在家中用成熟的水果来催熟，最好的选择就是苹果或者香蕉。因为这些熟透的水果在存放时，会散发出一些乙烯，青芒果在吸收乙烯以后就会很快成熟。即把成熟的水果与青芒果放一个塑料袋中，并把口扎紧，放在温暖的地方，过几天就会变黄变熟。

2. 大米催熟

用大米催熟青芒果也是一种不错的选择。因为大米也会产生出一些乙烯气体，而这种乙烯就是催熟青芒果的重要物质，因此大家在购买了青芒果后可以回家把它埋在大米中，过三四天取出，会发现芒果已变得完全熟透了。

3. 高温催熟

芒果自身就能产生乙烯气体，而这种呼吸作用受温度的影响比较大。所以，可以将青芒果用塑料袋密封装好，放在温度较高的地方，比如火炉、暖气附近，就能起到催熟的效果。

教 授 爸 爸 课 堂

芒果果实椭圆滑润，果皮呈柠檬黄色，肉质细腻，气味香

甜,含有丰富的糖、维生素,蛋白质 $0.65\%\sim1.31\%$,可溶性固形物 $14\%\sim24.8\%$,而且人体必需的微量元素(硒、钙、磷、钾、铁等)含量也很高。

芒果有"热带水果之王"的美称,营养价值高。芒果热量约32 千卡(100 克/约 1 个大芒果肉),维生素 A 含量高达 3.8%,比杏子还要多出 1 倍。维生素 C 的含量也超过橘子、草莓。

100 克芒果的营养成分参考①

热量 32(千卡)	蛋白质 0.6(克)	脂肪 0.2(克)	碳水化合物 7(克)
膳食纤维 1.3(克)	钾 138(毫克)	铁 0.2(毫克)	镁 14(毫克)
维生素 A 150(微克)	维生素 C 23(毫克)	视黄醇当量 90.6(微克)	维生素 E 1.21(毫克)

教授爸爸贴心叮咛

如果一般的生芒果,不急着吃的话,只需要自然放置就行了,无需晒太阳。芒果属于热带水果,比较怕冷,是不宜放在冰箱里的,冻伤的芒果更容易变质。所以,芒果熟了赶紧吃哦!

① 欧钰婷. 食物营养成分大全. 广州:广东科技出版社,2008.

为什么西瓜靠芯甜,苹果靠皮甜?

每年夏天,大家最喜欢的就是空调、WIFI 加西瓜的神仙生活,不知道大家有没有西瓜中间吃一口甜如蜜的体会? 西瓜中间那一口简直甜到心里! 水果是我们夏季必不可少的解暑佳品,那大家是否曾有过这样的疑惑:为什么同样是圆圆的水果,西瓜、哈密瓜等越靠芯越甜,而苹果、梨等却越靠皮越甜呢? 为什么两者之间甜度分布的差距如此之大呢? 要解释这个问题,我们需要从果实的构造和果实的糖分积累这两方面进行分析。

主要有两方面原因:

1. 果实属于植物不同部位

苹果和梨属于一种类型的水果,果肉是由它们的花托和花萼发育而来,但靠近种子(即芯)的部分,也就是我们觉得酸的部分,是由子房发育而来的。而西瓜属于另一种类型,叫作瓟(hù)果,看西瓜子的分布就能知道西瓜比较特殊啦。我们吃的西瓜的果肉,也就是瓜瓤,是它膨大的胎座,也是产生种子的地方。所以,西瓜的种子分布在瓜瓤的各个地方。

由于这两类水果来源于植物不同的部位,它们糖的分布不同也很正常。

2. 糖分的积累存在差异

现有的研究表明,果实积累糖分的方式主要有以下三种:

① 淀粉转化。以香蕉为例,糖分以淀粉的形式得以储存,再经过降解变成可溶性糖。

② 直接积累。以西瓜为例,糖分以葡萄糖、果糖、蔗糖等形式直接在果实中储存。

③ 两种都存在。以苹果和梨为例,糖分累积的方式不同就导致了这两类水果在糖分储存部位的不同,也就是,西瓜越靠芯越甜,苹果和梨越靠表皮越甜。

正是这两个原因不同作用,导致这两类水果在糖分储存部位的不同,所以吃到嘴里的感觉就是西瓜越靠芯越甜,苹果和梨越靠表皮越甜。

水果虽好吃,可不能代替蔬菜哦

那么,能不能用水果替代蔬菜补充营养呢? 答案是否定的。

因为,水果与蔬菜中虽然都含有多种营养成分,但其所含的营养成分及含量多少是有区别的,甚至区别较大。例如,其所含的宏量元素、微量元素、维生素等均不同。含量不同,作用就会有差异。一般来说,蔬菜侧重于补给膳食纤维和矿物质,水果侧重于补给维生素和微量元素。所以,蔬菜与水果不能相互替代食用。长期不吃蔬菜、水果或吃得比较少,就容易患动脉硬化、心脑血管疾病等。

果蔬的搭配摄入

一般来说,按照"每天半斤水果一斤蔬菜"的量搭配即可,可根据个人实际情况,成人可适当增加摄入量,儿童可酌情减少摄入量。

另外需要注意的是,每种蔬菜和水果,都有不可取代性,所含营养素成分不同,如果摄入的种类过于单一,就算吃够了量,也事倍功半。所以要强调饮食的多样性。

从营养学的角度来看,按照颜色来吃蔬菜是一个比较简单、实用的方式。尽可能地选取多种颜色的蔬菜,比如红色的西红柿、胡萝卜,白色的菇类、白萝卜,绿色的菠菜、芹菜等。水果的摄入也一样,每天尽可能摄入 3 至 5 种水果,而且最好是在两餐之间摄入,当作加餐。饭后两小时吃水果,也是不错的选择。

教 授 爸 爸 课 堂

西瓜堪称"盛夏之王",清爽解渴,味甘多汁,是盛夏佳果,西瓜除不含脂肪和胆固醇外,含有大量葡萄糖、苹果酸、果糖、蛋白氨基酸、番茄素及丰富的维生素 C 等物质,是一种富有很

高营养、纯净、食用安全的食品。瓤肉含糖量一般为 5％～12％，包括葡萄糖、果糖和蔗糖。甜度随成熟后期蔗糖的增加而增加。

100 克西瓜的营养成分参考①

热量 25(千卡)	蛋白质 0.6(克)	脂肪 0.1(克)	碳水化合物 5.5(克)
膳食纤维 0.3(克)	钙 8(毫克)	铁 0.3(毫克)	镁 8(毫克)
维生素 A 75(微克)	维生素 C 6(毫克)	胡萝卜素 0.2(微克)	维生素 E 0.1(毫克)

教授爸爸贴心叮咛

虽然大热天吃冰西瓜解暑效果很好，但对胃的刺激很大，容易引起脾胃损伤，所以应注意把握好吃的温度和数量。不少人爱吃冰西瓜，觉得它更解渴。但是如果贪凉吃，会让胃肠道等消化器官突然受到刺激，容易出现收缩痉挛，引发胃痛。

不管对于什么样的人，都应该少吃或不吃冰西瓜，为了一时的凉爽不顾身体健康，吃太多冰西瓜会对肠胃造成刺激，出现脾胃虚寒的症状。

---

① 欧钰婷.食物营养成分大全.广州：广东科技出版社,2008.

盐水泡菠萝脱敏，真的吗？

如果你稍留心就会发现，天气渐渐回暖的时候，大街小巷，各个水果店都摆着菠萝，走在路上，闻着浓浓的菠萝甜味就让人垂涎欲滴。菠萝有整个卖的，也有些切开来卖的，都用盐水泡着。不止水果店，很多人都有这个习惯，买来的菠萝先用盐水泡一泡，说是浸泡完就没那么涩了，这是真的吗？吃菠萝为什么会嘴巴涩呢？菠萝香甜可口，令人欲罢不能，可是你是否买到过黑心的菠萝？这样的菠萝不仅味道不佳，也是菠萝品质下降的一种表现。一起来看看吧！

吃菠萝为什么会嘴巴麻涩？

菠萝是一种营养丰富的水果，它含有丰富的糖类、蛋白质、维生素 C，不仅清热解暑、生津止渴，而且由于菠萝蛋白酶能有效分解食物中蛋白质，增加肠胃蠕动，还有开胃助消化的作用。这种酶在胃中可分解蛋白质，补充人体内消化酶的不足，使消化不良的病人恢复正常消化机能。

但是，正是因为菠萝含有甙类、菠萝蛋白酶以及 5-羟色胺等物质，才会吃起来有涩涩的感觉。这些物质对皮肤、口腔黏膜都有刺激，非常容易引起过敏，所以不是口感的问题，而是过敏症状。因此我们也常说，过敏体质的人尽量避免吃菠萝。

盐水泡菠萝，真的靠谱吗？

盐水泡菠萝这种做法，目前流传的原因有两种——第一种是说可以让菠萝吃起来不那么酸，第二种是说可以杀灭菠萝蛋白酶，防止过敏。

首先，盐水泡过的菠萝，并没有减少酸味。这类似于吃西瓜要撒点盐，目的就是让西瓜吃起来更甜。的确，这个是味觉物质的对比作用，由于两种味觉物质同时存在会对人的感觉或心理产生影响，所以才会觉得西瓜甜了，或者是菠萝的酸味没有了。

其次，用盐水浸泡菠萝，并不会使菠萝中的菠萝蛋白酶失活。研究发现，一般常用的金属盐，比如氯化钠（食盐的主要成分）、氯化钾对菠萝蛋白酶的影响都不大，甚至还有研究发现氯化钠有助于保持菠萝蛋白酶的活性，目前提取菠萝蛋白酶的方法之一就有"盐法提取"。因此，用盐水浸泡菠萝并不会使菠萝蛋白酶这一"罪魁祸首"失活。

既然不靠谱，是为了杀菌吗？

还有一部分人认为，用盐水浸泡菠萝，是为了让菠萝杀杀菌，其实并不是这样的。盐水泡菠萝只不过是一种促销手段而已，大家都这样做了，要是不照做，会流失很多顾客。这种约定俗成的规则，虽说不能去酸味也不能脱敏，但是经盐水浸泡会更好吃这点倒是真的。首先，盐有生津止渴的作用，其次，盐里的钠离子有抑制苦味的效果，经它浸泡后的水果会显得更甜，酸味也就没有那么明显了。

如何正确避免菠萝蛋白酶"作怪"？

防菠萝过敏较为有效彻底的方法是，削好菠萝后放置于开水中煮 2～3 分钟，通过高温使菠萝蛋白酶失去活性，降低其对人体的影响。

菠萝蛋白酶在 45～50℃ 就开始变性，到 100℃ 时，90% 以上都会被破坏，经煮沸后口味能得到明显改善，这也是为什么菠萝罐头吃完不会麻嘴。与此同时，菠萝中的甙类也可能被破坏了，5 - 羟色胺溶于水中。这样处理之后，过敏的人也可以食用了。

空腹不能吃菠萝？

"不能空腹吃菠萝"这一说法的所谓依据就是，菠萝含有强蛋白酶，吃到胃里会导致胃壁蛋白变性，导致胃病。因此不能空腹吃菠萝。

这种说法看似有道理，其实这种情况根本不会发生。因为我们的胃会分泌强酸胃酸。酸也是能让酶失活的条件之一。因此就算你吃的菠萝没烫过,下到胃里后里面的蛋白酶还是会失活,根本不会去分解胃壁。

试想一下,如果我们的消化系统连让酶类失活都做不到,岂不是早就被食物中的各种酶搞得千疮百孔了。所以说,那些说木瓜、猕猴桃等其他有强蛋白酶的水果不能空腹吃的,也是谣言。不过,当然也要控制量,不能狂吃,否则水果中的纤维等也一样会让胃不舒服。

你是否买到过黑心的菠萝?

菠萝黑心,是因为菠萝生了一种叫做"菠萝黑心病"的缘故。菠萝的果实是由许多小果组成的聚合果。最初在小果的近果轴处出现半透明水渍状黄褐色小斑点。随后会出现褐斑的果眼数增加、面积扩大、颜色加深等症状,病情严重者,病斑扩展超出果眼,沿果轴连成一片;最后果轴和果肉几乎全变为褐色。

目前菠萝黑心病的病因还不是很明确,但大多数学者认为是由低温引起的生理失调症,22～25℃以下的低温可导致该病,高于25℃则不发生。还有一些菠萝在存放过程中,保存不当,或者已经熟烂了,那么很容易就会出现腐败变质的情况,引起菠萝中间腐败变质。

黑心菠萝能吃吗?

黑心的菠萝果肉中容易携带大量的有害微生物及细菌,容易造成肠道菌群的紊乱,出现腹痛腹泻、恶心呕吐、头晕等食物中毒的现象,继续食用容易引起身体的不适。无论何种原因,黑心菠萝都是菠萝品质下降的反映,因此,黑心的菠萝最好不要食用。

教　授　爸　爸　课　堂

菠萝果实品质优良,营养丰富,含有大量的果糖,葡萄糖,

维生素 B、C,磷,柠檬酸和蛋白酶等物质。菠萝是一种含水量十分高的水果,每 100 克菠萝就含有 87.1 克的水分,因而可以帮助人体补充水分,既可解渴,也有利尿的作用。菠萝中含有维生素 B_1,能促进人体新陈代谢。每 100 克菠萝当中含有 18 毫克的维生素 C,此外菠萝还含有维生素 A、钾、磷、钙等多种元素。

100 克菠萝的营养成分参考①

热量 41(千卡)	蛋白质 0.5(克)	脂肪 0.1(克)	碳水化合物 10.8(克)
膳食纤维 1.3(克)	钙 12(毫克)	铁 0.6(毫克)	镁 8(毫克)
维生素 A 3(微克)	维生素 C 18(毫克)	胡萝卜素 0.2(微克)	视黄醇当量 88.4(微克)

教授爸爸贴心叮咛

菠萝和一些水果一样,吃了会让一部分人过敏,过敏反应最快可以在 15 分钟内发生,这样的症状被称为"菠萝病"或者"菠萝中毒"。比如腹痛、腹泻、呕吐、头痛、头昏、皮肤潮红、全身发痒、四肢及口舌发麻,过敏比较严重的还出现呼吸困难、休克等反应。初次吃的孩子可以只给他吃饼干大小的一块,如果无异常,下次可适当加量。

---

① 欧钰婷.食物营养成分大全.广州:广东科技出版社,2008.

对于饮料产品来说，需兼具"安全、营养、健康"的特点，也需满足小朋友的消费心理。而随着生活水平的不断提高，人们对于饮料的需求从最基础的"解渴"，发展成健康、养生、保健、个性等多方面需求。花花绿绿、酸酸甜甜的饮料充斥在我们的生活中，而由于孩子代谢器官尚未发育成熟，如果经常、大量饮用饮料产品，对孩子的健康成长产生危害的可能性更大。那么对于小朋友而言如何挑选好喝的饮料呢？喝饮料有哪些注意事项呢？本章将为大家揭晓。

第五章

饮料小战场

你真的会喝水吗？

水是生命的源泉，从古至今，地球上哪里有水，哪里就有生命，也是水孕育出人类悠久灿烂的文化。人们每天的生活都离不开水，水更是占人体重量的70％左右，所以经常说人是水做的。可是从一些调查结果来看，中小学生喝水情况不容乐观，对于喝水的知识知之甚少。其实，每次喝水的时间、每天饮用水量甚至包括喝水的方式都很有讲究。在生活中忽略喝水的小细节，不能做到正确、健康的喝水，还会威胁到人体的健康。想知道如何喝水才是正确的？大家一起来看看吧！

人一天要喝多少水？

其实喝水跟你的体重有关。让我们来看一个喝水的公式：每日需水量（毫升）＝体重（千克）×40（毫升），比如你的体重是30千克，所以你一天差不多要喝1 200毫升的水。不过这只是一个基础饮水公式，如果你的运动量比较大，那么就需要在这个基础上多补充水分。所以小朋友们平时每天饮用2～3瓶矿泉水的量即可，不用喝过多的水。

饮用过量的水好吗？

过多饮水也会给肾脏增加负担，肾脏来不及将多余的水排出体外，会使血液稀释，从而产生一系列症状，也称之为"水中毒"。这是因为人体摄取了过量水分而产生脱水低钠症的中毒症状，人体肾脏的持续最大利尿速度是每分钟16毫升，一旦摄取水分的速度超过了这个标准，过剩的水分会使细胞膨胀，从而引起脱水低钠症。一旦"水中毒"，可引起身体疲倦感，食欲减退，整天感觉昏昏沉沉。症状加重时会出现痉挛、意识障碍甚至危及生命。

早晨该不该喝水？

这个问题可不在于大家早上起来有没有口渴的感觉，而是在于一觉醒来你的身体需要水的滋润，因为我们在睡觉时，呼吸、排汗这些生理活动都在继续，会消耗约 450 毫升的水分，晨起喝水可以补充身体代谢失去的水分，水分迅速输送至全身，有助于血液循环，能帮助肌体排出体内毒素。

最关键的一点是晨起喝水，可有效地增加血溶量，稀释血液，降低血液稠度，促进血液循环，让人的大脑迅速恢复清醒状态。《中国居民膳食指南（2016）》也建议：健康成人，早晨起床后可以空腹喝一杯水，能够补充因隐形出汗和尿液分泌而损失的水分，也可以增加循环血容量。

教 授 爸 爸 课 堂

在中国，有一种"神奇"的东西，叫热水。不管是感冒、头疼，还是其他不舒服的症状，喝点热水就能感觉好一点，似乎热水能"包治百病"。在生活中，我们也特别喜欢"热"，饭菜要趁热吃，水要趁热喝。"多喝热水"成了对别人热心的关心和问候。那么这句话到底有没有道理呢？

现在，我们的自来水无法达到直接饮用的标准。相对来说，喝热水比冷水更干净更无菌。煮水可以将水中的大部分细菌杀死，还能降低自来水中的氯含量，适合人们饮用。但是，热水并不能治愈疾病，研究表明，热水的作用只是停留在表面的增温排汗和促进新陈代谢，大部分是人们的心理作用，只是一种安慰剂。对于感冒发烧这一类疾病，喝热水是不会有治愈作用的，但它能减轻我们身体因温差引起的不适，使我们感觉好点。

教授爸爸贴心叮咛

　　有研究表明，如果长期喝太热的饮料（65℃及以上），则有可能会增加人体罹患食管癌的风险。当我们喝过热的饮料时，温度超过65℃，则足以对上消化道造成慢性损伤，引发食管黏膜炎症，促进活性氮生成，从而合成亚硝胺。这是一种公认的强致癌物，进而有诱发食管癌的风险。所以千万不要因为口太渴而心急去喝太热的水，小孩子的食道比起大人更易受到伤害，一定要小心呵护。

只喜欢喝优酸乳,这可不行!

优酸乳并非发酵型酸奶,而是含奶饮料,其中牛奶的含量很少,你仔细看会在包装上发现写着"乳饮料"一类的字样。"酸牛奶"和"含乳饮料"是两个不同的概念。在配料上"酸牛奶"是用纯牛奶发酵制成的,属纯牛奶范畴。而含乳饮料只含 1/3 鲜牛奶,配以水、甜味剂、果味剂。那么超市里面货架上琳琅满目的牛奶中为什么每种牛奶的保质期都不一样呢? 常常见到的脱脂牛奶又是什么呢? 只喝优酸乳不喝牛奶可以吗? 今天我们就带着这些疑问来看看吧。

为什么每种牛奶的保质期不一样呢?

国内外的牛奶保质期差异不小,国产牛奶的保质期短则 3 天、30 天,最长有 4 个月、6 个月,而进口牛奶保质期都在半年以上,甚至长达一年。对此,很多人会产生疑问,保质期这么长,是为什么呢?

答案是: 其灭菌方式不同。

巴氏杀菌是在规定时间内以不太高的温度处理液体食品的一种加热灭菌方法。巴氏杀菌奶是用较低的温度杀死牛奶中的致病菌,保留了对人体有益的细菌,因此产品需要冷藏,保质期也比较短,一般只有几天。

对于高温灭菌奶,由于牛奶中一点微生物都不存在了,因此可在常温下保存,而且保质期比较长,进口牛奶保质期长达一年也是这个道理。但是保质期长就意味着它的营养成分损失严重。

所以,事实是,对于那些保质期长达一年的进口牛奶,其营养成分大打折扣。想喝营养的牛奶,选择保质期短一点的,鲜奶最好!

什么样的是脱脂牛奶呢？

说到脱脂牛奶，很多人都会认为脱脂牛奶就是完全没有脂肪的牛奶，这是人们对于牛奶的误区。脱脂牛奶并不是完全不含脂肪，而是指所含脂肪在 1% 以下的牛奶，而全脂牛奶脂肪含量约为 $3\%\sim4\%$。所以从脂肪含量上来讲，一盒牛奶所含的脂肪含量远不及一块肥肉。所以尽管你要减肥，也放心地喝吧！

而且，经过脱脂处理，牛奶会损失脂溶性维生素，包括维生素 A 和 D。当然，如果是一些特殊人群，如高血脂患者或是需要严格控制体重的人群，还是脱脂牛奶更合适一些。

只喝优酸乳不喝牛奶行不行？

只喝优酸乳是不行的，因为它没有其他的奶健康。调味乳、复原乳、发酵乳、优酸乳，我们来看看有什么区别吧。

先说调味乳。调味乳是以牛奶（或羊奶）或还原奶为主料，添加调味剂，经过巴氏杀菌或灭菌制成的液体乳制品。一般灭菌乳多见。如可可奶、咖啡奶、果味奶、果汁奶等。很多早餐奶也属于此类。一般调味乳蛋白质含量在 2.3% 以上，这个数值比牛奶低，但比那些乳饮品要高很多。调味乳可以偶尔和纯牛奶替换，但是，这类产品中大多数会同时添加较多的蔗糖，一般在 $3\%\sim10\%$，儿童过量饮用容易造成龋齿。咖啡奶中含有少量的咖啡因成分，儿童也不适宜过多饮用。

再说复原乳，粗犷点说就是奶粉冲调的奶，再添加其他配料和食品添加剂（比如稀奶油、增稠剂、糖等），最后经灭菌后包装而成。复原乳由于经过了两次高温加热，维生素等营养成分相对于鲜牛奶会有破坏，但其实只要是符合标准的复原乳营养价值仍然挺高的。当然，复原乳的质量如何主要取决于原料奶粉的质量。根据我国的相关规定，酸牛奶、灭菌奶及其他乳制品可以用复原乳作为原料，但巴氏杀菌奶不能用复原乳做原料。这也就是说，在超市冷柜里卖的纯牛奶（巴氏奶），原料不可以是奶粉；而常温牛奶、酸奶以及各种调制乳（比如某些早餐奶、香蕉牛奶），厂家可以用奶粉当原料。

而发酵乳一般指酸奶，也是我们常说的优酪乳，是以牛乳或乳粉为原料，经发酵制成的产品。其乳酸菌含量非常高。酸牛奶不仅完好无缺地保存了牛奶的所有营养成分,而且还增加了可溶性钙、B族维生素等有益物质。发酵过程中乳糖减少一半含量。

最重要的是优酸乳并非牛奶,其营养价值已大大降低,严格意义上讲是一种乳酸饮料,蛋白质一般就 1.0% 左右。如果你觉得口感不错,当作饮料喝也无妨。但很多此类乳饮品添加较多糖,对小孩子的成长还是不利。所以我们要少买一点哦!

教·授·爸·爸·课·堂

《中国居民膳食指南(2016)》的膳食宝塔中指出,每人每天应摄取相当于 300 克的奶类以及奶制品。正如上文提及的内容,虽然优酸乳的口感类似果汁,可能更受小朋友的喜爱,但是在每天这 300 克的奶制品选择上,还是尽可能补充鲜奶或者复原乳,以保证所需的营养。

100 毫升优酸乳的营养成分参考①

热量 35(千卡)	蛋白质 1.0(克)	脂肪 1.2(克)	碳水化合物 4.6(克)	钠 67.0(毫克)

教授爸爸贴心叮咛

复原乳只要符合相关标准,其营养价值还是很高的,那么,既然有鲜牛奶在售卖,又为什么生产复原乳呢? 其主要原因是复原乳对于运输的要求不高,对于远离奶源地的地区就是一个很好的选择。其实复原乳就类似于压缩果汁,虽然营养价值有所下降,但也是一种正常的乳制品加工方式。

---

① 欧钰婷. 食物营养成分大全. 广州:广东科技出版社,2008.

啥？没想到饮料还有那么多区别！

现在超市里涌现出许多形形色色的新饮料品种，如谷物饮料、植物蛋白饮料、复合蛋白饮料等，这些名字确实让人耳目一新。不过，这些名称不同的饮料往往具有十分相似的外观，其配料表中的主要成分也都千篇一律，无外乎为水、甜味剂、植物原料等，着实让人难以区分。

究竟这些"姓名"不同的饮料，在成分上有什么区别呢？它们分别具备哪些特性？不同品种的饮料又分别适合哪些人群呢？下面，我们就带领各位走进饮料小课堂，来了解这些新型的饮料。

"谷物饮料"是什么？

谷物饮料指的是"以谷物为主要原料经调配制成的饮料"，它的原料多为红豆、绿豆、燕麦等膳食纤维较为丰富的谷物。国家标准（GB 2760）对谷物饮料的规定是总膳食纤维≥1 克/升，一般的谷物饮料标签上会有比较醒目的字体说明其为谷物饮料，如果没有在标签上看到醒目的字体说明，大家可以观察标签上的产品标准号，通过查询其产品标准号可以确定产品的种类。

"复合蛋白饮料"是什么？

复合蛋白饮料是蛋白饮料的一种，它在国家标准（GB 2760）中的定义为"以乳或乳制品，和一种或多种含有一定蛋白质的植物果实、种子或种仁等为原料，添加或不添加其他食品原辅料和（或）食品添加剂，经加工发酵制成的制品"。通俗来说，复合蛋白饮料即为乳蛋白饮料与一种或几种植物蛋白饮料的混合体。因此，复合蛋白饮料的原料一般为乳粉及富含蛋白的植物果实、种子，如椰子、黄豆、杏仁、核桃等。复合蛋白饮料的标准规定，其总固形物需要≥6.0 克/100 克，蛋白质含量需要≥0.7 克/100 克,其中乳蛋白对总蛋白贡献率不得小于 30％,植物原料蛋白对总蛋白贡献率不得小于 20％。总体来说,复合蛋白饮料相对于植物蛋白饮料,除了含有一定量的乳蛋白,其余指标与植物蛋白饮料大致相同。同样,如果你在选购的时候不能确定饮料是何种种类,大家可以通过查询标签上的产品标准号来进行确定。

"植物蛋白饮料"是什么?

与复合蛋白饮料一样,植物蛋白饮料也是蛋白饮料的一种,不同的是,它的蛋白全部来源于植物中,如豆奶、椰子汁、杏仁露等我们熟知的饮料,都是植物蛋白饮料。植物蛋白饮料的标准规定其蛋白质含量,需要≥0.5 克/100 毫升。综合看来,植物蛋白饮料与复合蛋白饮料相似,均属蛋白饮料类,它们较于其他类型的饮料而言,其蛋白质含量更为丰富;而谷物饮料,由于原料多为谷物等粗粮,因此其膳食纤维更为丰富。而且,总体而言,谷物饮料由于富含膳食纤维,为了平衡口感及外观,往往需要加入比蛋白饮料更多的增稠剂及乳化剂,因此,它的口感会更为顺滑浓厚一些;而蛋白饮料由于含膳食纤维较少,因而所需的增稠剂及乳化剂也较少,其口感更为清爽一些。

教　授　爸　爸　课　堂

　　上文中我们提到了谷物饮料中含有丰富的膳食纤维,这里对其做一个简单的介绍。膳食纤维是一种糖类,但是它们不能被人体胃肠道中的消化酶所消化,也不能被人体吸收利用。它虽然不属于六大营养素,但是对人体也十分重要,具有预防便秘等功效。《中国居民膳食营养素参考摄入量》中指出,每日膳食纤维适宜摄入量为 25～35 克。

100 毫升复合蛋白饮料的营养成分参考①

热量 35(千卡)	蛋白质 0.8(克)	脂肪 1.3(克)	碳水化合物 5.0(克)	钠 20.0(毫克)

100 毫升谷物饮料的营养成分参考

热量 70(千卡)	蛋白质 1.8(克)	脂肪 0.3(克)	碳水化合物 13.3(克)	钠 84.9(毫克)

100 毫升植物蛋白饮料的营养成分参考

热量 82(千卡)	蛋白质 4.2(克)	脂肪 2.3(克)	碳水化合物 10.4(克)	膳食纤维 1.4(克)

教授爸爸贴心叮咛

新型饮料的种类很多,其主要的区别就在于营养成分和口感。从营养成分上来说,谷物饮料的膳食纤维含量最高,复合蛋白饮料的蛋白质含量会高于植物蛋白饮料;从口感来说,谷物饮料的口感最为浓厚,复合蛋白饮料其次,而植物蛋白饮料口感会相对清爽一些。大家根据孩子的营养需求以及口味喜好,选择适合的饮料即可。

① 欧钰婷.食物营养成分大全.广州:广东科技出版社,2008.

植物蛋白饮料哪家强？

牛奶的营养非常丰富，可以提供三大类营养物质：脂肪、蛋白质和碳水化合物，甚至被称为"最接近于完美的食物"。特别是牛奶中的蛋白质，营养价值非常高，还能提供一些免疫活性物质，例如乳铁蛋白。

但是，并不是所有人都适合喝牛奶。牛奶是最常见的婴幼儿过敏原，也有相当一部分人对乳糖不耐受，饮用牛奶后会出现拉肚子等不良反应。食用时，植物蛋白饮料，如椰奶、花生牛奶、杏仁露、核桃露、豆浆等层出不穷，又让消费者难以选择。可是，究竟哪一种饮料营养价值最高呢？

加拿大迈基尔大学的一项研究比较了几种常见植物蛋白饮品（未加糖的）和牛奶的营养。研究人员的总结评语是，豆奶（豆浆）是营养最好的。

豆浆是非常营养的

豆浆在中国人的食谱中已经存在了近两千年，其中含有的大豆异黄酮广为人知，甚至被认为是东方人健康的秘密，目前的膳食指南也推荐大家每天吃一点大豆或豆制品。

豆浆是目前唯一蛋白质含量可以媲美牛奶的植物蛋白饮料，关键是价格便宜，家庭制作也很方便。此外，豆浆中含有不少维生素，而这是其他几种植物蛋白饮料相对缺乏的。

杏仁露、核桃露营养价值高吗？

杏仁含有较多的对健康有益的单不饱和脂肪酸。借助"坚果"概念，这类产品大受欢迎。椰奶中的脂肪主要是饱和脂肪，但过去有研究发现，这些饱和脂肪可以增加高密度脂蛋白胆固醇，因此对健康也有一定益处。可惜的是，它们的营养价值还是很有限的，通病是蛋白质含量太低。但此类产品存在的目的不就是要用植物蛋白替代牛奶蛋白（动物蛋白）吗？

另一个比较有意思的现象是，欧美的植物蛋白饮料常常做钙强化，这样就可以和牛奶的含钙量相媲美，而中国的产品却少有这样的设计。

我们从购物网站上看到，豆奶的蛋白质含量确实是更胜一筹，几乎和牛奶的蛋白质含量相当。但是，多数植物蛋白饮料都添加糖，有些产品的配料表里第一位是水，接着就是白砂糖，可见它们实际就是糖水，并不健康。当然，已经有少数产品是无糖型（加木糖醇或其他甜味剂），这倒是一个好现象。

米汤的营养价值又如何？

米浆、米汤因为有淡淡的甜味，因此口感最好，但营养也最匮乏。过去有的孩子没有母乳吃，大人又买不起奶粉，只好用米汤喂养，但米汤里面主要是淀粉类碳水化合物，特别容易造成营养不良。

当然，有的人对大豆蛋白、杏仁蛋白过敏，这时可以把米汤作为一个补充植物蛋白选项。不过，国外的米浆是用糙米做的，也就是包含了很多的膳食纤维，如果是自己在家做的米汤，基本上都是淀粉糊糊了。

随着中国人膳食结构的变化，我们相信未来植物蛋白饮料还会有很大的市场空间，并给牛奶市场带来一定挑战。但是消费者一定要理性认识这一类产品，不要盲目选择"素食"，也不要轻信厂家的宣传。记住，无论动物蛋白还是植物蛋白，搭配起来才是最营养的。

教 授 爸 爸 课 堂

《中国居民膳食指南（2016）》的膳食宝塔中，大豆与坚果属于一类，每天建议摄入量总共 25 克，其中大豆占 15 克左右。这里面的大豆包含了豆浆以及豆腐、千张等常见的豆制品，可以

综合比较一天大豆类食品的摄入量来考虑喝多少豆浆。

100 毫升豆奶的营养成分参考①

热量 30（千卡）	蛋白质 2.4（克）	脂肪 1.5（克）	碳水化合物 1.8（克）
钠 3.2（毫克）	胆固醇 5.0（毫克）	维生素 E 4.5（毫克）	维生素 B_2 0.1（毫克）
烟酸 0.3（毫克）	磷 35.0（毫克）	钾 92.0（毫克）	镁 7.0（毫克）
钙 23.0（毫克）	铁 0.6（毫克）	锌 0.2（毫克）	硒 0.7（毫克）
铜 5.6（毫克）	锰 0.1（毫克）		

教授爸爸贴心叮咛

　　豆浆的缺点是有豆腥味，有的小朋友可能不太喜欢。另外如果豆浆加热不彻底，还存在皂苷、植物凝集素、胰蛋白酶抑制剂等抗营养因子，甚至会引起食物中毒。好在现在的家用豆浆机早已解决了这些问题，很少出现食物中毒现象，小朋友们也就不需要担心了。特别注意，鲜榨豆浆最好尽快饮用，否则会滋生过多微生物，不利于身体健康。

---

① 欧钰婷. 食物营养成分大全. 广州：广东科技出版社，2008.

好喝的茶饮料，你了解多少？

炎炎夏日，每天都会汗流浃背，由于天气炎热，我们往往不肯喝水，感到渴热就会选择喝冷饮料。在选择饮料时，很多消费者意识到饮料产品中的含糖量往往很高，因而会倾向于选择茶饮料，认为名字中含有"茶"字的饮料应该是同时具备茶的种种优点和饮料美味好喝的特性。同时茶饮料的色泽往往与真正的茶水类似，看起来比较健康。而且最近几年茶饮料的品种增长十分迅速，也为消费者提供了更多的选择。那么茶饮料到底好不好呢？我们一起来看看吧！

茶饮料是怎么做的？

茶饮料，是以茶叶的萃取液、茶粉、浓缩液为主要原料加工而成的饮料，不仅具有茶叶的独特风味，还含有天然茶多酚、咖啡碱等茶叶有效成分；是生产商在经抽提、过滤、澄清等工艺制成的茶汤或在茶汤中加入水、糖分、果汁或牛奶等制成的一种好喝饮品。

茶饮料是怎样分类的？

根据茶饮料国家标准（GB/T 21733 - 2008）的规定，茶饮料按产品风味分为四类：茶饮料（茶汤）、调味茶饮料、复（混）合茶饮料和茶浓缩液。

茶饮料（茶汤）分为红茶饮料、绿茶饮料、乌龙茶饮料、花茶饮料及其他茶饮料。

调味茶饮料分为果汁茶饮料、果味茶饮料、奶茶饮料、奶味茶饮料、碳酸茶饮料及其他调味茶饮料。

复（混）合茶饮料是以茶叶和植（谷）物的水提取液或其浓缩液、干燥粉为原料，加工制成的，具有茶与植（谷）物混合风味的液体饮料。

茶浓缩液是从茶叶水提取液中除去一定比例的水分经加工制成，加水复原后具有原茶汁应有风味的液态制品。

茶饮料的含糖量一点儿也不低！

有着清新茶味儿的茶饮料貌似甜饮界的一股清流，但如果您仔细看了配料表和营养成分表，就不会这样想了。虽然调味茶饮料喝起来并没有其他果汁型甜饮料那么甜，但是糖的含量却不低。基本上一瓶调味茶饮料的含糖量在 9％～13％之间，按照最低含糖量计算，一瓶调味茶饮料中含有将近 50 克的糖，远远超过WHO 以及《中国居民膳食指南（2016）》推荐的糖的日摄入量（最好不超过 25 克）。如果每天把调味茶饮料当作茶水来喝，添加糖摄入过多会给身体带来超重、肥胖、糖尿病和蛀牙等危害。另外，过多摄入添加糖会降低食欲，减少其他营养物质的摄入，导致一些微量元素的缺乏。

无糖茶饮料并不是真的无糖！

人们说饮料不健康的很大一个原因是饮料含糖量非常高，于是一些无糖、低糖茶饮料风靡市场。那些声称"无糖"、"零热量"，或者"低糖"、"低热量"的调味茶饮料，真的没有糖吗？

根据我国国家标准《预包装食品营养标签通则》（GB 28050 - 2011）的规定，每100 毫升中含糖量只要不高于 0.5 克，就可以声称"无糖"，而每 100 毫升中热量不超过 17 千焦就可以声称是"零卡"；而"低糖"则要求每 100 毫升中含糖量要低于 5克，"低热量"则要求每 100 毫升中热量低于 80 千焦。由此看来，那些声称无糖的饮料不是真的无糖。

还有一种低糖的可能，是用甜味剂代替了蔗糖。关于甜味剂，只要在国家规定的范围与剂量内去使用，并不会像谣言所称的那样引起致癌等问题。不过，甜味剂营养方面的问题是，这种甜甜的口感提供了甜味但是却没有引起血糖的上升，为此可能给大脑一种生理"欺骗"，反而可能会引起食欲的上升，所以甜味剂对于预防肥胖是否真正有益，尚无确定结论。

茶饮料的茶多酚含量不一定合格！

茶饮料深受消费者喜爱，大多是因为它含有茶多酚。我们都知道，离开剂量谈毒性，都是耍赖皮。营养也一样，离开剂量谈营养，一样是耍赖皮。

我国茶饮料的国家标准（GB/T21733－2008）对茶多酚、咖啡因等含量做出了明确规定。其中茶饮料（茶汤）的要求最高，绿茶中茶多酚含量应该≥500毫克/千克；调味茶饮料中，果汁、果味、奶味茶饮料及奶茶的茶多酚必须≥200毫克/千克，碳酸茶饮料的茶多酚含量也需要达到100毫克/千克，其他类型的调味茶饮料茶多酚必须≥150毫克/千克。但事实上，很多茶饮料都未标明茶多酚含量，却用"富含茶多酚"一笔带过。所以，想要通过喝茶饮料来达到喝茶的目的不一定能够实现。

教 授 爸 爸 课 堂

目前我国茶饮料市场的消费群体年龄普遍偏小，集中在青少年，他们大多注重的也是茶饮料的口感而非是否健康。同时，鉴于市场上各种调味茶饮料中的含糖量普遍不低，小朋友们还是应该合理规划对此种饮料的摄入量以及摄入频率。

100毫升茶饮料的营养成分参考[①]

热量 17(千卡)	蛋白质 0.0(克)	脂肪 0.0(克)	碳水化合物 4.2(克)	膳食纤维 21.0(克)

[①] 欧钰婷.食物营养成分大全.广州：广东科技出版社,2008.

教授爸爸贴心叮咛

　　目前市场上有很多茶多酚含量不高的调味茶饮料十分畅销,其产品在包装上强调"茶"的理念,同时相对弱化"调味茶饮料"的实质,在一定程度上误导消费者。在选购茶饮料时要认准标签标注的饮料类型来选购合适的产品,我们建议尽量选择低糖的茶饮料。

八宝粥居然是"海绵"做的、"吃啥补啥"很靠谱、有伤口不能吃酱油……这些语不惊人死不休的"健康提示"，时不时就会出现在亲友群、朋友圈里，真假难辨。更夸张的是，这些食品谣言的传播方式也越来越逼真。一些食品谣言以极具视觉冲击力的视频形式传播，比文字谣言更具蛊惑力。信还是不信，令不少消费者困扰。本章以这些常见的食品谣言为出发点，鼓励小朋友了解更多谣言背后的真相，做家中的科普小达人。

第六章

科普小达人

垃圾食品垃圾吗？

很长时间以来，备受消费者青睐的薯片、汉堡等食品因为其高能量、高含盐量、高脂肪的特点被人冠以"垃圾食品"的称号。众多消费者也因为这个称号对此类食品望而却步。相信很多人有这样的疑问：垃圾是垃圾，食品是食品，垃圾食品到底是垃圾，还是食品呢？ 如果是垃圾，为什么能够在餐厅售卖？ 如果是食品，为什么又成了垃圾呢？

高能量、高蔗糖、高脂肪，这些食物"垃圾"吗？ 低能量饮食，比如水果或蔬菜，更加健康吗？ 有"垃圾食品"这种说法吗？

没有"垃圾食品"，只有"垃圾吃法"

其实，没有一个机构或组织明确定义过"垃圾食品"，也就是说，垃圾食品的说法其实是无稽之谈。那究竟什么才是垃圾食品呢？

在营养学家看来，食品没有好坏之分。因为，一个人吃的是否营养健康，关键在于食物搭配是否合理，食物摄入是否适量。

举例来说，对于低血糖患者来说，适当摄入糖类食物来维持血糖的正常值，是十分必要的。这时，糖果、高糖饮料是"垃圾食品"吗？ 当然不是！ 但是，对于患有高血糖的患者而言，糖果、高糖饮料是禁止的，甚至淀粉的摄入也要加以控制。

所以，没有"垃圾食品"，只有"垃圾吃法"。

以马铃薯为例，看看食物的合理食用方式

任何食物都有两面性，科学的食用方式方法非常重要。接下来我们以马铃薯为例，看看如何合理地选择、烹饪、食用食物，才能更加健康。

目前很多人不喜欢马铃薯,因为号称是减肥食品的马铃薯居然越吃越胖。其实,马铃薯富含蛋白质、维生素、膳食纤维、矿物质,是很好的减肥食品,也是很好的主食替代物。只是,马铃薯吸油性很强,据测定,一只中等大小的烤马铃薯仅含约 90 千卡热量,而同一个马铃薯做成炸薯条后所含的热能达 200 千卡以上。所以马铃薯经过油处理后,能量会变得很高。这也是薯条、薯片很容易被归类为"垃圾食品"的原因。其实,马铃薯是很好的主食替代物。但是,很多人把马铃薯当蔬菜来食用,吃的时候配以米饭或馒头,这样造成了在食用主食的基础上,又食用了一份主食替代物,摄入的热量也自然增多。

马铃薯要讲究食用的方法。一般来说,凉拌、蒸、煮等方式可以降低马铃薯的热量,过油煎炸炒后,马铃薯的热量都会明显增加。同时,食用马铃薯时,要控制自己主食的摄入,如果食用较多的马铃薯,就要减少主食量甚至不吃主食,这样才能够保证能量平衡。

响应号召,合理膳食

有调查显示,有 39％的中国网民体重超标,2016 年,国家卫生计生委提出倡导"三减三健"健康生活方式。其中,"三减"包括:减盐、减油、减糖。我们也建议大家应适当调整自己的饮食结构,将过高的营养素水平降下来,做一个健康的中国人。

教 授 爸 爸 课 堂

虽说世界上没有垃圾食品,饮食要与自身情况相结合,但是也有一些对我国居民普遍适用的饮食习惯。

如减少烹调油的用量,吃清淡的膳食;食不过量,天天运动,保持健康体重;三餐分配合理,零食适量吃;每天足够饮水,合理选择饮料;限量饮酒等。

教授爸爸贴心叮咛

　　在生活中，可以借鉴《中国居民膳食指南（2016）》的膳食宝塔中的推荐内容进行合理饮食，但是也要与自身的实际情况相结合，确定自己所需要的能量水平，根据自己的能量水平合理安排各种食物的需要量。也可以食物同类互换，丰富膳食。让膳食指南与实际结合，因地制宜才会有合理的饮食。

蟹肥膏美的时节,你必须要知道的事

每一年的十一月,都是蟹肥膏美的时节,大家都被美味的螃蟹吸引。目前电商快速发展,已经形成了从前端螃蟹产区到后续的物流配送的完善产业链,螃蟹不光走上了沿海地区居民的餐桌,也开始在内陆地区盛行。近年来消费者们越来越关注螃蟹的质量问题,关注点从有无缺斤少两转移到螃蟹质量是否过关。的确,每年都有人因为不恰当地食用螃蟹、食用了不新鲜的螃蟹或者死蟹而患病。其实挑选螃蟹有很多的门道,食用螃蟹更是有许多的注意事项,大家一起来看看吧。

食用螃蟹需谨慎

前几年发生过这样一个案例。正逢中秋佳节,一男子开心地吃了很多螃蟹,可没想到第二天一早,他的左脚和小腿开始肿胀,一开始他还没在意,因为他本身就有些痛风,吃了螃蟹总会这样。可没过多久,他连鞋子都穿不进去了,情况感觉比以前都严重,家人赶紧将他送到医院。医生接诊后发现,他的尿酸非常高,肌酐增高好几倍,已经发展成为肾衰竭。

这、这、这是怎么回事? 螃蟹美味又无毒,怎么会进医院呢? 事实上,螃蟹是一种非常有营养的食物,含有丰富的蛋白质和微量元素等,对身体有很好的滋补作用,甚至还有一定的药用价值。可是,仍然有不少人吃了螃蟹后会发生腹痛腹泻、恶心呕吐等症状。

总结来说,一些人群不宜吃太多螃蟹。孕妇吃太多螃蟹,有可能导致流产。老年人和婴幼儿不宜多食螃蟹,因为消化吸收能力差。一些本来就有过敏史的病人,吃螃蟹后,因蟹中含有异种蛋白质会产生过敏反应,全身出现红色风团,瘙痒难忍,严重的还会出现过敏性休克。螃蟹属于高嘌呤食物,而嘌呤在人体内的代谢终产物尿酸会加重痛风患者病情。更不能尝试"螃蟹＋啤酒"的"痛风套餐"。此外,肝炎、肾功能不全、高血压、高血脂、糖尿病、胆囊炎、胰腺炎患者以及心血管疾病患者都不太适宜吃太多螃蟹。

有关螃蟹的谣言

螃蟹虽然味道鲜美，但是关于螃蟹的谣言却让许多人内心不安，今天就由我在这里科普一下，为螃蟹辟谣！

1. 螃蟹吃避孕药长大

某些螃蟹肉质不佳，味道一般，谣言说是吃因为吃避孕药所致，小孩子吃了会性早熟。然而这根本就是无稽之谈，根据水产养殖专家的说法，螃蟹对水质和生长环境要求很高，如果水中投放避孕药，螃蟹很难生长。

2. 大螃蟹都是靠激素养肥

现在螃蟹根本就不能吃，都是因为天天喂激素催熟的。这完全属于阴谋论，螃蟹划分为无脊椎生物，激素对于螃蟹根本就百害无一利，激素会使螃蟹的蟹黄蟹膏减少，也影响螃蟹的生长，养殖户不会这么做。

3. 同食螃蟹和柿子会中毒

螃蟹富含大量蛋白质，如果与柿子中的鞣酸相遇、结合，会导致上吐下泻的中毒现象。虽然两者的确会发生反应，但在日常的饮食习惯下，一个人摄入的螃蟹是有限的，远远达不到发生中毒的数量条件。

4. 螃蟹都被注胶

煮熟的螃蟹含有不明的胶状物，怀疑人工注胶。这些半透明而且黏稠、浅色的物质是公蟹体内的蟹膏，这是天然可使用的。

教 授 爸 爸 课 堂

相比于肉类，螃蟹的价格往往是比较贵的，可是螃蟹的蛋白质含量却与其售价不相匹配。按照鲜重来计算，螃蟹肉的蛋白质含量不及鸡胸肉或牛腱子肉。鉴于螃蟹肉中水分大，脂肪少，如果按照干重来计算，蛋白质含量不逊色于牛肉。但是一只螃蟹的肉很少，以此补充蛋白质很不合理，我们吃螃蟹寻求的更多是饮食的快乐。

100 克蟹肉的营养成分参考①

热量 103(千卡)	蛋白质 17.5(克)	脂肪 2.6(克)	碳水化合物 2.3(克)
钠 193.5(毫克)	胆固醇 267.0(毫克)	烟酸 1.7(毫克)	维生素 B2 0.3(毫克)
维生素 A 389.0(微克)	维生素 E 6.1(毫克)	镁 23.0(毫克)	钙 126.0(毫克)
磷 182.0(毫克)	钾 181.0(毫克)	硒 56.7(毫克)	铜 3.0(毫克)
铁 2.9(毫克)	锌 3.7(毫克)		

教授爸爸贴心叮咛

除了上述列举的几条,关于吃螃蟹的禁忌还有很多,这里我们列举常见的几条,大家在生活中也要注意。

1. 关于螃蟹不能与水果一起吃的说法其实是因人而异的。

对于消化吸收能力差、易腹泻的人来说,吃了螃蟹的确要少吃水果;如果消化吸收能力强的人则无需担心。

2. 对于螃蟹不能放置隔夜食用的说法基本上是正确的。

我国食用螃蟹的秋季气温较高,螃蟹放置过夜会滋生很多细菌,因此最好尽快吃掉。但是螃蟹及时冷藏,再次食用前经过彻底的热杀菌仍然可以食用。

3. 不新鲜的螃蟹、死螃蟹中细菌大量繁殖,很不安全,不要吃。

① 欧钰婷. 食物营养成分大全. 广州：广东科技出版社,2008.

把薯类当主食吃，薯类可以替代谷物吗？

薯类食物是我国传统膳食的重要组成部分。鲜薯中含水分70%～80%，其余主要是淀粉和多糖类，即碳水化合物，占干物质的80%左右，是薯类提供能量的主要成分，因此薯类可以替代部分谷类食物来做主食。薯类虽然其貌不扬，但却以它那独有的"内在美"征服了众多消费者，尤其是小朋友们更是对炸薯条青睐有加。既然薯类营养价值如此之高，那人们吃薯类有什么好处呢？准备薯类食物的时候要注意什么呢？让我们一起来看看怎么吃薯类最营养。

薯类的特殊营养功效——兼有粮谷类和蔬菜类的双重优点

1. 替代部分谷类食物做主食

薯类食物的热能仅为谷类食物的1/3，每天适当地选择进食薯类食物，可预防儿童肥胖而引发的诸多慢性疾病。

2. 让蛋白质得到"优化"

薯类的蛋白质质量高于一般谷类，特别是马铃薯的蛋白质主要由盐溶性球蛋白和水溶性白蛋白组成，其中球蛋白占2/3，几乎含有人体所必需的八种氨基酸，其中赖氨酸含量超过0.93毫克/克，色氨酸也达32毫克/克，这两种人体必需氨基酸是其他谷类所缺乏的，如每天适当选择薯类食物和谷类食物搭配食用，可以与蛋白质达到互补作用，以增加食物的营养价值，显著提高蛋白质的生物学价值。

3. 零脂肪调节膳食供能比例

薯类食物的脂肪含量极低，用无油或者少油的方法加工、烹制薯类，可在增加饱腹感、提供能量的同时，减少脂肪的摄入，起到控制肥胖和代谢性疾病发生的作用。

4. 促进钙、铁的吸收

红薯中还富含维生素C，因而吃红薯还可以起到增强人体细胞的抗病毒作用和肝脏的解毒能力,对提高人体免疫力有很大的作用;同时维生素 C 还有维持牙齿、骨骼、血管和肌肉的正常功能,促进钙、铁的吸收,防止坏血病等有益的作用。

5. 促进孩子健康智力发展

红薯中所含的赖氨酸,不仅是人体所必需的八种必需氨基酸之一,而且它能调节体内代谢平衡,促进人体发育,增强免疫功能,对孩子的身体健康和骨骼发育都有着重要的作用。同时赖氨酸还有提高中枢神经组织功能的作用,有助于提升孩子的智力,增强记忆力。另外秋天孩子多吃红薯能够预防秋燥,有益身体。

6. 供给膳食纤维促消化

薯类食物中丰富的可溶性膳食纤维对血糖、血脂代谢都起着一定的改善作用,薯类食物的膳食纤维大多数含量高于一般的谷类和蔬果,特别是魔芋精粉中的膳食纤维含量高达 74.4%。

红薯本身味道甜美,富含碳水化合物,是根茎类粗纤维食物,有滑肠之功效。另一方面它也可以补充粗纤维,养生保健作用很大。儿童不宜常吃精细的面食,可以不时给他们吃点红薯,有助于维护肠胃健康。

薯类食物怎么吃营养最丰富?

1. 蒸煮食用保留薯类维生素 C 的营养

薯类是很好的维生素 C 的来源。《中国食物成分表》中的数据显示,每 100 克土豆中维生素 C 含量为 27 毫克,红薯为 26 毫克,高于大多数的根茎、鲜豆和茄果类蔬菜,如西红柿 19 毫克、茄子 5 毫克。

从维生素 C 的保留率上来讲,烹饪过程中,食物中的维 C 会因水浸、受热、氧化等因素而产生不同程度的损失。为了保护维 C,薯类最好的吃法是洗净后带皮蒸煮。烹炒土豆时不要切太细太小,切后不要再用水冲洗,以免维 C 通过切口大量流失。

2. 搭配蛋白质含量丰富的食物一起吃

相对于精米白面,薯类的胡萝卜素、维生素、烟酸等含量都要高一些,但是它的蛋白质含量很低。如果完全用薯类替代主食,容易导致蛋白质摄入不足。所以薯类最好搭配牛奶、鸡蛋、瘦肉或者鱼类等蛋白质含量丰富的动物性食物一起吃,才能起到营养素互补的作用,它们为薯类提供优质蛋白,薯类丰富的膳食纤维也正是它们所缺乏的。

3. 薯类作早餐吃更好

早餐选择薯类作为主食，加上全脂牛奶或者酸奶、一小把坚果和一盘绿叶菜，营养均衡丰富，低脂高纤、热量适中，扛到下午两点都不会觉得太饿。但是晚餐用薯类做主食，容易反酸，尤其是胃不好的人或者消化功能差的孩子。因为薯类膳食纤维含量高，不好消化，吃多了胀气，再加上晚上身体活动又少，严重的还会影响到睡眠。

教 授 爸 爸 课 堂

《中国居民膳食指南（2016）》的膳食宝塔中，将谷类、薯类以及杂豆类等碳水化合物主要来源食物放在一层。建议每天摄入 250～400 克，其中新鲜薯类 50～100 克。

食用薯类注意荤素搭配，只要搭配好，就可以在享受美食的同时，达到保持苗条身材的目的。在吃薯类时，要相应地减少主食的摄取。消化功能差的儿童不要摄入过多，以免引起反酸、胀气等不适；由于薯类蛋白质含量偏低，营养不良的儿童不宜多吃。

100 克红薯的营养成分参考①

热量 75（千卡）	蛋白质 1.1（克）	脂肪 0.1（克）	碳水化合物 17.6（克）
钠 59.2（毫克）	膳食纤维 0.6（克）	烟酸 0.2（毫克）	维生素 C 3.3（毫克）
维生素 A 52.5（微克）	维生素 E 0.2（毫克）	胡萝卜素 625.0（微克）	磷 21.7（毫克）
钾 73.3（毫克）	镁 14.2（毫克）	钙 15.0（毫克）	锰 0.1（毫克）
铁 0.2（毫克）	锌 0.1（毫克）	硒 0.2（毫克）	

① 欧钰婷. 食物营养成分大全. 广州：广东科技出版社，2008.

教授爸爸贴心叮咛

　　食用时要将薯类煮熟蒸透，在烹调方法上，避免油煎、油炸，尽量采用蒸、煮、微波烤制等方式，蒸、煮、微波烤制的红薯中淀粉容易消化，其中以煮最好，而油炸红薯中淀粉较难消化。

　　在储存上，宜将马铃薯、红薯放在阴凉干燥避光的地方（如地窖）贮存。如果贮藏不当使马铃薯发芽后，其幼芽和芽眼部分的龙葵碱含量激增。如果红薯在潮湿的环境中贮存太久，会受红薯黑斑病菌污染。

油炸食品为何特别吸引人？

薯片、薯条、天妇罗、炸鸡……这些油炸食品格外受人追捧。即使大家都知道，油炸食品高油高盐，实在是不符合目前健康饮食的理念；减肥人群和长身体的少年儿童对于此类食品更是应该敬而远之。但是，大家总是控制不住自己的嘴，一边大快朵颐，另一边又在心中默默悔恨。要知道，这并不能怪大家抵制不住油炸食品的诱惑，其实，我们的弱点完全被食品厂家利用了。这到底是怎么回事呢？如何食用油炸食品才符合健康的饮食方式呢？一起来看看吧！

他们是如何做到的呢？

当远古人类用火加热其食谱上的重要食材时，来自各种动物的肉质或其他一些植物中的碳水化合物与蛋白质便发生了一系列复杂的反应（人们用发现者名将之命名为美拉德反应），产生了棕褐色的大分子物质以及数百种有不同气味的中间体分子，它们便是我们今日所认为的"诱人色泽"与"宜人风味"。

伴随美拉德反应而来的往往是酥脆口感。在此之前，早期人类体会酥脆口感只能依赖咀嚼昆虫或新鲜的植物。烹饪不仅大大拓宽了酥脆种类食物的来源，更使其易于消化提供了更多的热量和营养，并大幅缩短了花费在进食上的时间。

哈佛大学的人类学家理查德·兰厄姆推算：体型与早期人类相仿的灵长类动物，每天需要用一半的时间来咀嚼食物。因烹饪节省下来的时间，可被用于狩猎，这又让人类有机会进食更多的肉类，从而促进了脑容量增大。同时，消化系统压力的降低使牙齿、下颚和消化道都渐渐缩小到今日的比例。

酥脆食物往往是高油脂高糖分食物的子集。因为有利于生存，早期人类最向往的就是这样的食物。"向往"具有分子层面的证据：当人们获得和食用高热量食物时，大脑就会分泌多巴胺，令其感到愉悦，食物和心情就这样被联系在一起。

而且，根据美国神经人类学家约翰·艾伦在《肠子、脑子、厨子：人类与食物的演化关系》一书中的观点,可能酥脆食物的吸引力在一开始并不广泛,只不过是那些喜爱酥脆食物的早期人类更热衷烹饪,于是慢慢积累了演化上的优势。烹饪的益处及其对人类演化的影响可以在一定程度上解释我们对酥脆食物的喜爱。总之,可能是自然选择的力量塑造并巩固了我们对酥脆食物的喜爱。

所以,你的大脑偏爱酥酥脆脆的油炸食品,这可是写在基因里的,并非你的意志力不够坚定,要杜绝油炸食品,可得下一番苦功啊!

油炸为什么有害呢?

油炸食品摄入过量可能会引起肥胖及代谢类疾病,引发人体内酶的变化,增加患心脏病、糖尿病、胃癌、肠癌的风险。因此,油炸食物不管是大人还是孩子都要少吃。

教　授　爸　爸　课　堂

说起油炸食品,大家往往会将其与另一个词联系在一起,就是膨化食品。其实,膨化食品是指是以薯类、谷物或者豆类为原料利用油炸、挤压、沙炒、焙烤、微波等技术作为熟化工艺,在熟化工艺前后,体积有明显增加现象的食品。也就是说,油炸食品是膨化食品的一种。

100 克炸鸡的营养成分参考①

热量 224(千卡)	蛋白质 16.2(克)	脂肪 11.0(克)	碳水化合物 15.9(克)
钠 38.2(毫克)	胆固醇 123.6(克)	膳食纤维 0.2(克)	烟酸 6.9(毫克)
维生素 A 39.1(微克)	维生素 E 6.3(毫克)	胡萝卜素 0.4(微克)	维生素 B_1 0.1(毫克)
维生素 B_2 0.1(毫克)	硒 8.7(毫克)	铜 0.1(毫克)	锌 0.6(毫克)

_____
① 欧钰婷. 食物营养成分大全. 广州:广东科技出版社,2008.

续　表

磷 162.3(毫克)	钾 242.0(毫克)	镁 22.7(毫克)	钙 11.6(毫克)
铁 1.0(毫克)			

教授爸爸贴心叮咛

　　根据《中国居民膳食指南（2016）》的建议，每人每天食用烹调用油为 25～30 克，相当于普通的白瓷勺 2 勺半至 3 勺，儿童要酌情减量。此外，如果出现有超重或肥胖、血脂异常等症状时，其摄油量还应适当减少到 20 克左右。除此以外，指南中也建议减少烹调油用量，吃清淡少盐的膳食。

非油炸食品真的健康吗？

"非油炸,更健康"、"非油炸,没有油"、"非油炸,吃不胖"这些广告词铺天盖地。目前,"油炸食品不健康"的观点已经深入人心。所以,现如今为了迎合消费者对食品安全的追求,各大超市中越来越多的食品都标上了"非油炸"的标签,以此来标榜产品更加健康。"非油炸"薯片或方便面是真的好吃不长胖吗？我们该相信商家的广告词吗？那么,非油炸食品真的比油炸食品更健康吗？我们又该如何来选择健康的食品呢？让我们一起来看看吧！

非油炸≠低脂肪！

相信大家都知道油炸食品中所含的油会比较多,会带来过多热量,从而导致肥胖等问题,对于保持体型和健康饮食来说都是不利的。氨基酸和还原糖在经油炸(120℃以上)加工时很容易产生丙烯酰胺和杂环胺,对人体有害。所以很多人都会倾向于选择非油炸的食品,然而比起油炸食品,有些非油炸食品中的含油量其实也并没有明显的降低。

拿薯片来举例,通过食品标签,得知薯片每100克的含油量是35克左右。而同一品牌的另外一款非油炸薯片,每100克含油总量约为27克,虽然说其含油量比起油炸薯片来说的确降低了一些,但绝对没有人们想象中的那么少。

此外,非油炸也可能产生丙烯酰胺等致癌物。还是拿薯片举例,非油炸的薯片往往是通过烘烤制成的,而烘烤的温度往往要达到200℃以上,比油炸的温度还要高,同样会产生丙烯酰胺。可见,油炸食品不健康,非油炸的也未必就是健康的。

怎样选择健康食物？

选择健康食物其实很简单,厂家无论怎样在包装、产品名称上"忽悠"大家,都没有办法在配料表和营养成分表上作假。通过看配料表可以知道食物是由哪些原料加工得到的。在配料表中，排在越前面的成分，含量越高。如果排在第一位的是油这些高热量的原料，那这种食物的热量肯定不会低。此外，有一些厂家会在配料表中将营养物质（如茶多酚等）的含量标识出来（有些则不会），我们也可以通过比较同种产品营养物质含量的多少来选择性价比更高的产品。

通过营养成分表我们可以更加直观地了解食物中主要营养素的含量和热量。同样类型的食物，脂肪和食盐含量越高，越不利于健康。通过对比营养成分表，可以选择那些能量较低的食物。

我们还可以通过食物的加工方法来判断是否健康。对于同种食物，我们应该尽量选择加工温度低，过程简单的食品。这样营养成分的保留率相对来说会比较高，对人体有害的加工副产物也会较少。

尽量少吃油炸食品

"油炸食品不健康"是很多人常说的一句话，事实也确实如此。油炸食品除了吃起来香脆可口，可以抵抗饥饿感之外基本没有什么优点。对于油炸食品我们还是要尽量少吃。在家中自己炸东西吃时我们建议尽量做到以下三点来减少危害。

1. 使用尽量低的油温。
2. 减少油的重复利用。
3. 选择高烟点的油。

教 授 爸 爸 课 堂

非油炸食品的热量并没有我们想象中的那么低，那是因为非油炸并不意味着没有油。其实非油炸说的是加工方式，这种食品大多采用了烘烤的方式，重点在"炸"而不在"油"。我们不能单纯从"非油炸"这三个字上判断食品所能提供的能量。

100 克非油炸拉面的营养成分参考①

热量 346(千卡)	蛋白质 10.8(克)	脂肪 1.4(克)	碳水化合物 71.3(克)	钠 493.0(毫克)

教授爸爸贴心叮咛

　　想要弄清楚食品中所含有的能量,还是应该注意查看食品配料以及能量表中的具体数值。当然,"非油炸"食品中也有所含能量比较低的,但是部分"非油炸"产品也会在配料表中标注含有氢化植物油、起酥油等油类物质。其中具体能提供的热量还是要看清楚能量表,再结合自身实际情况合理饮食。

---

① 欧钰婷. 食物营养成分大全. 广州：广东科技出版社,2008.

发了芽的食物到底能不能吃？

生活中,经常会出现买的蔬果吃不完,之后在适当的温度和湿度下蔬果发了芽的情况。对于发了芽的蔬果,很多人认为食物不应该浪费即使食物发了芽也能吃或者把发芽的部分剜掉继续吃。还有一种说法是绝对不能吃发了芽的食物,就像土豆发了芽会产生毒素龙葵素,食物发了芽会产生毒素就不能吃了。到底谁说的对呢？发了芽的食物到底能不能吃呢？其实,有些发了芽的蔬菜会产生毒素,如果不了解盲目食用的话,很可能会对人体健康造成严重的危害,但并不是所有发了芽的蔬果都会产生毒素。那么到底什么食物发了芽后不能吃,什么食物发了芽后还能吃呢？

采摘后的果蔬为什么还能发芽？

首先要说明的一点是,蔬菜采摘后≠死亡。

对于动物来说,如果将一部分组织或者器官从机体上分割下来,那么分离下来的部分是不会继续生长的。这是由于动物组织对于机体的完整性要求较高。动物的组织需要依靠血管系统输入氧气和营养物质,同时将代谢产生的二氧化碳和废物运出。同时动物的组织还需要依靠神经进行调节。而血管系统和神经,则需要完整的循环系统和神经系统才能发挥其作用。因此当一块组织从机体上分割下来之后,由于完整的循环系统和神经系统等被破坏,分离下来的组织细胞得不到足够的氧气和营养,因此很快失去活性,不能继续生长了。

然而,对于蔬菜来说就截然不同了。植物的组织和器官具有很高的独立性。特别对于起到繁殖作用的器官,如果实和种子离开母体之后,其活性仍然可以保持很长的时间。这是由于,在果实和种子等器官中储存了大量的水和营养物质供该器官使用。同时,植物的呼吸是依靠分布在器官表面的气孔来进行的,并不需要完整的系统。因此,离体的植物器官的营养和呼吸都不必依靠原植物体,故而在其采摘后还会存活相当长的一段时间。相信很多人都遇到过这样的现象,我们市场上买来的新鲜蔬菜,实际上并不像其表面看上去的那么死气沉沉,那是因为在这些组织内部仍然在进行着大量的生物活动。所以,只要给予它们合适的条件(水分、氧气、温度、光照),采摘下来的蔬菜就有可能会发芽。

多数食物发芽后仍然可以食用,但是也有部分食物发芽后坚决不能吃

常见的食物中,除了土豆外,发芽的食物大部分都是能吃的,只是有些食物发芽,例如红薯,往往伴随着发霉,而发霉才是这些食物不能吃的主要原因,和发芽并没有关系。

发芽土豆的确有毒

相信很多人都知道土豆发芽了不能吃,那么原因是什么呢?

土豆中含有龙葵素这一物质,一般每100克土豆含有的龙葵素只有10毫克左右,不会导致中毒。而未成熟的或因贮存时接触阳光引起表皮变绿和发芽的土豆,每100克中龙葵素的含量可高达500毫克。如果一次摄入200毫克龙葵素(食用约30克已变青、发芽的土豆)经过15分钟至3小时即可发生症状,主要表现为口腔及咽喉瘙痒,上腹部疼痛,并有恶心、呕吐、腹泻。症状较轻者,1至2小时会通过自身的解毒功能自愈,如摄入300~400毫克或更多的龙葵素(食用约50克已变青、发芽的土豆),则症状会更加严重,表现为体温升高和反复呕吐而致失水,以及瞳孔放大、怕光、耳鸣、抽搐、呼吸困难、血压下降,极少数人可因呼吸麻痹而死亡。所以发芽的土豆千万不要吃。

有些人比较节约,看到发芽的土豆会把发芽的部位去除后继续食用,如果发芽的情况不是很严重的话,这么做也未尝不可,但是对于这种土豆,我们还是建议在烹饪中加入醋,可以中和一部分龙葵素。但是对于发芽较为严重的土豆,千万记住一定要直接扔掉。

发芽后能吃的食物

大部分植物发芽后都是能吃的,我们将这类食物分为两类,一类是经过发芽

后反而会变得更加有营养。此类食物中所含的能量会由于发芽而减少，但是其他营养物质含量则会大大提升。这样的食物主要有黄豆、绿豆、豌豆、蒜、芝麻、大麦、花生（发霉、生菌的除外）等。黄豆和绿豆发芽后，维生素含量会大大上升，而部分蛋白质也会转变为相对来说更好吸收的氨基酸。豌豆苗中胡萝卜素含量可高达 2 700 微克/100 克，而人们常吃的瓜果类蔬菜，其胡萝卜素含量大部分在 100 微克/100 克以下。发芽的大蒜比新鲜大蒜含有更多的有益心脏健康的抗氧化剂。发芽 5 天的大蒜的抗氧化活性要强于新鲜的大蒜，但是发芽时间过长的大蒜会产生干瘪等问题，影响口感。芝麻在浸泡催芽 4 天后，脂肪含量明显减少，亚麻酸、芝麻酚等营养成分增加。大麦在催芽后 2～5 天营养价值获得改善，不仅膳食纤维增加，还更容易消化。

　　而另一类则是发芽后虽然还能吃，但是营养价值和口感却会大打折扣的。例如姜、葱、红薯等食物，它们发芽后，肉质会变得干空，纤维也会变粗，水分大量流失，口感糟糕，而营养物质却没有明显提升。这里我们着重解释一下发芽红薯的安全问题。红薯长芽后由于营养和水分的大量流失，不仅吃起来口感不好，还会失去食用价值。但是红薯发芽后并不会像土豆一样产生对人体有害的成分。红薯导致食物中毒的主要原因是受黑斑菌污染后，黑斑菌排出的毒素的影响。虽经水煮火烤，这种毒素的生物活性也不会被破坏。食用后不仅极易引起急性中毒，还会损害肝脏功能，所以不可食用。在生活中，红薯受黑斑菌污染需要的条件与红薯发芽的条件十分相似，因此很多人误认为发芽的红薯是有毒的。总之，发芽的红薯仍然可以食用，只是口感不好、营养价值低，但是感染了黑斑菌的红薯千万别吃。

教 授 爸 爸 课 堂

　　内部发芽的水果其实仍然是安全的，如开头提到的水果内部发芽的问题，有可能是因为水果在外界存放的时间过久，正好外界的气候等条件适合果籽发芽。如果发芽情况不严重的话，这种水果是完全安全的，并且营养成分并不会有什么损失。

教授爸爸贴心叮咛

在日常的水果保存中,我们会习惯性地将其放在冰箱中储存,但是这并不适用于所有水果。对于温带水果,如苹果、梨等,可以直接放在塑料袋中于冰箱内保存。但是对于热带水果,如枇杷、香蕉等,放在冰箱内反而容易冻伤,置于阴凉干燥处储存即可。

你知道果葡糖浆和花青素是什么意思吗？干燥剂和脱氧剂分别有什么作用呢？临期食品、仿生食品和新资源食品又有什么区别呢？在你大口吃东西的时候，是否想过这些看似陌生的词语背后的意思呢？本章就带领大家来看看那些食品背后小词典的故事，希望小朋友可以学习和了解更多的食品知识，在挑选食品的时候有更多的科学依据，选择更健康的食物。

第七章

食品小词典

黄曲霉到底有多毒！

黄曲霉毒素是人类已知的最强的致癌物之一，它们存在于土壤、动植物以及各种坚果中，特别是容易污染花生、玉米、稻米、大豆、小麦等粮油产品。它不仅会导致肝癌，还可以诱发其他脏器癌变。在天然污染的食品中以黄曲霉毒素 B_1 最为多见，其毒性和致癌性也最强。

我们国家三令五申，婴幼儿食品的检测要严格再严格，事实上，还是免不了不合格产品流向市场。近期，婴幼儿食品检出黄曲霉毒素 B_1 等有害物质的新闻一出，更是引发了家长们的恐慌。黄曲霉和黄曲霉毒素到底都有些什么危害呢？一起来看看吧。

黄曲霉和黄曲霉毒素

黄曲霉是一种常见的腐生真菌，多见于发霉的粮食及其制品中，菌落呈黄绿色，所以叫黄曲霉。农作物在田里生长期间，或是收割后运输、存储过程都可能染上黄曲霉。黄曲霉特别喜爱温暖潮湿的环境，它们最适宜的生长温度在 37℃ 左右。另外，酸碱度是否合适，是否含有足够的水分供黄曲霉利用，是否含有营养物质等条件，都会影响黄曲霉的生长。一般而言，营养丰富而且处于湿热环境中的食品被黄曲霉污染的风险较高。黄曲霉本身没那么可怕，也容易被杀灭，真正可怕的是它所产生的毒素。

黄曲霉毒素是黄曲霉的代谢产物，但它不是黄曲霉的专利，其他霉菌也能产生黄曲霉毒素。它是一组化学结构类似的化合物，已分离鉴定出 12 种。其中黄曲霉毒素 B_1 为毒性及致癌性最强的物质。1993 年黄曲霉毒素被世界卫生组织癌症研究机构划定为 1 类致癌物，对人及动物肝脏组织有破坏作用，严重时，可导致肝癌甚至死亡。

黄曲霉毒素的危害

人类健康受黄曲霉毒素的危害主要是由于人们食用被黄曲霉毒素污染的食物。对于这一污染的预防是非常困难的,因为真菌在食物或食品原料中的存在是很普遍的。尽管国家卫生部门禁止企业使用被严重污染的粮食进行食品加工生产,并制定相关的标准监督企业执行,但对于含黄曲霉毒素浓度较低的粮食和食品无法进行控制。在发展中国家,食用被黄曲霉毒素污染的食物与癌症的发病率呈正相关性;亚洲和非洲疾病研究机构的研究工作表明,食物中黄曲霉毒素与肝细胞癌变呈正相关性;长时间食用含低浓度黄曲霉毒素的食物被认为是导致肝癌、胃癌、肠癌等疾病的主要原因。除此以外,黄曲霉毒素与其他致病因素(如肝炎病毒)等对人类疾病的诱发具有叠加效应。

黄曲霉毒素 B_1 的半数致死量为 0.36 毫克/千克体重,属特剧毒的毒物范围。它的毒性比著名的氰化钾大 10 倍,比砒霜大 68 倍。它引起人的中毒主要是损害肝脏,发生肝炎、肝硬化、肝坏死等。临床表现有胃部不适、食欲减退、恶心、呕吐、腹胀及肝区触痛等;严重者出现水肿、昏迷,以至抽搐而死。黄曲霉毒素是目前发现的最强的致癌物质,比二甲基亚硝胺诱发肝癌的能力大 75 倍,比苯并芘大 4 000 倍。

教　授　爸　爸　课　堂

我国有相当严格的法律规定了黄曲霉毒素的含量。《食品中真菌毒素限量》(GB 2761 - 2017)对玉米、大米、小麦等谷物及其制品,发酵豆制品,花生及其他坚果籽类,植物油,调味品,婴幼儿食品等均规定了黄曲霉毒素 B_1 的限量;对乳及乳制品、婴幼儿配方食品等规定了黄曲霉毒素 M_1 的限量。但是,由于目前的工艺很难做到完全去除食品中的黄曲霉毒素,只能将其控制在一个比较安全的水平。所以说,其实我们每天都在摄入极其微量的黄曲霉毒素,但这是没有危害的。

教授爸爸贴心叮咛

　　对于市面上的产品,作为消费者并没有什么甄别手段,能做到的是只买正规厂商的产品,并且仔细观察食物是否出现发霉等症状,减少在家中接触黄曲霉的概率。其实说来很简单,但是做起来还是相当繁琐的,要尽量让食物处在干燥、低温和通风的环境下。除此之外,马桶上的马桶胶水,窗户和窗框之间的胶水也会滋生黄曲霉菌,一定要注意这些地方的卫生和清洁工作。

丙烯酰胺,传说中的致癌物?

前段时间,微博、各网站平台和微信朋友圈都被一个叫做"丙烯酰胺"的化学物质刷屏了,某咖啡因为含有此物质而可能引发癌症的新闻引起无数咖啡爱好者的恐慌,洋快餐的炸薯条中检测出丙烯酰胺,又让大家对这类食品望而却步。过年是中国人餐桌最丰富的时候,各种美食应有尽有。餐桌上的食物多了,用餐隐患也多了,不良的烹饪过程中会产生很多致癌物,丙烯酰胺就是其中之一。所谓的"丙烯酰胺"究竟是什么?哪些食品中含有丙烯酰胺?它又对我们的健康有什么影响?

什么是丙烯酰胺?

丙烯酰胺,为白色无味晶体,是生产聚丙烯酰胺的原料,聚丙烯酰胺被广泛用于石油和矿山开采、隧道建筑、造纸、城市供水、污水处理以及化妆品添加剂、整形外科用软组织填充剂等各类生产活动中。

2002年4月,瑞典国家食品管理局和斯德哥尔摩大学研究人员发现,富含碳水化合物的日常食物在焙烤或高温油炸过程中会产生浓度相对较高的丙烯酰胺。

2017年10月27日,世界卫生组织国际癌症研究机构将丙烯酰胺划在2类致癌物清单中。目前,丙烯酰胺是公认的一类神经毒素和准致癌物,也具有致畸、致突变的健康风险。

丙烯酰胺在食品中产生的主要途径为美拉德反应。它是在碳水化合物(120℃以上)烹调过程中形成,140～180℃为生成的最佳温度,而这个温度也往往是美拉德反应过程中产生风味物质的温度,所以很难通过调整工艺以降低丙烯酰胺的生成。丙烯酰胺的主要前体物为游离天门冬氨酸(土豆和谷类中的代表性氨基酸),它与食物中的还原糖发生反应,生成丙烯酰胺。

丙烯酰胺易溶于水,可通过人体的皮肤、黏膜、呼吸道以及胃肠道进入人体。

职业接触以皮肤吸收为主。进入人体后随血液分布至全身各个器官组织，并与血红蛋白、器官蛋白中的巯基紧密结合，进一步产生毒性作用。另外，丙烯酰胺还可通过血脑屏障、胎盘屏障作用于脑中枢神经，威胁胎儿健康。短时间内有高浓度的丙烯酰胺进入人体，可引起急性或亚急性中毒。

教 授 爸 爸 课 堂

丙烯酰胺几乎存在于所有食物中。调查表明，油炸最容易导致丙烯酰胺的产生，烧烤或者烘焙次之；蒸、煮或者微波炉加热一般不会导致明显的丙烯酰胺的生成。食物中丙烯酰胺的主要来源包括焙烤食品、油炸食品、煎烤食品、膨化食品等，也包括日常炒菜、红烧、煎炸、烤制等烹调方法。也就是说小朋友最喜欢吃的膨化食品、饼干、面包还有油炸食品，很多人喜爱用来提神喝的咖啡，这些食物是日常摄入丙烯酰胺的最显著来源。此外，香烟的烟雾中也含有一定量的丙烯酰胺。联合国粮农组织和世界卫生组织下的食品添加剂联合专家委员会（JECFA）估计丙烯酰胺平均每日摄入量为 0.001 毫克/千克体重，美国食品药品监督管理局（FDA）估计丙烯酰胺平均每日摄入量为 0.000 4 毫克/千克体重。

但是也不必过分担忧丙烯酰胺，毕竟抛开剂量谈毒性就是耍赖皮。

丙烯酰胺有一定神经毒性，但那得短时间大量摄入才会发生，它的 LD_{50} 为 150～180 毫克/千克（大鼠经口）。也就是说，如果忽略人和动物差异，假如你体重 50 千克，得直接吃进去 7.5 克丙烯酰胺，才可能有生命危险。如每天喝掉 28 杯中杯咖啡，且持续几十年，或者是吃掉 9.6 吨左右薯片，那几乎是不可能的，所以我们只需要控制每天对这些食物的摄入量，也就没什么可怕的，所以小朋友们注意啦，零食还是要少吃。

教授爸爸贴心叮咛

远离丙烯酰胺,应少吃煎炸食物。由于丙烯酰胺是在油炸、焙烤等高温环境下产生的,日常生活中的薯条、薯片、油条、油饼,甚至炒菜等都含有丙烯酰胺。

基于中国人的饮食习惯,丙烯酰胺不可能在日常饮食中完全消失。那么如何尽量减少丙烯酰胺的摄入和对健康的负面影响呢?

第一,日常烹调食物时,尽量多蒸煮炖、少煎炸烤,不要温度过高或加热时间太长,这样有助于减少丙烯酰胺生成。

第二,平时建议大家注意饮食均衡,减少油炸和高脂肪食品的摄入,多吃水果和蔬菜,这样也能减少丙烯酰胺可能造成的健康影响。

肠道菌群，你了解多少？

一百多年前，诺贝尔医学奖获得者、被尊称为"乳酸菌之父"的梅契尼科夫就认为：肠道健康的人身体才健康，肠道菌群产生的毒素是人体衰老和疾病产生的主要原因。近些年来，随着高通量测序和宏基因组学等新研究方法的不断开发和应用，肠道菌群的作用再次得到大批科学家的关注，肠道菌群与健康的关系开始不断地被深挖出来。

在人的肠胃中生长着多种多样的微生物，这些微生物被称为肠道菌群又被称为人体的"第二脑"。肠道菌群按照一定的比例组成，不同的肠道菌群构成对人体的健康有着不同的影响。

肠道是菌群的大染缸

人体肠道内大约含有 1 000 种细菌，其总数约 10 万亿个。这个总重量约为 1 000 克的微生物菌群，是成年人自身细胞数量的 10 倍，我们每天排出的粪便当中，干重量的 50％以上都是由这些细菌以及它们的尸体构成的。这群庞大的肠道菌群，不仅仅是一个个肉眼看不见的微生物，它们就像人的另一个器官，在食物分解、营养吸收、免疫反应、新陈代谢方面发挥着重要作用。

肠道内多样化的微生物在繁衍过程中逐渐达到种类和数量的平衡，这种平衡与机体的正常代谢密切相关。然而，人体肠道内的菌群组成与平衡并不是一成不变的，它会随着人生中经历的不同阶段而发生变化。

例如：婴幼儿期人体内的有益菌较多，占主要优势，主要为双歧类菌数目偏多；而到成年期，由于肠胃功能的失调导致腐败菌如大肠菌群、葡萄球菌等占优势，有益菌的数目逐步减少；老年期肠道类乳杆菌和双歧菌大幅降低，腐败菌如产气荚膜梭菌大幅上升，这就是我们所熟知的肠道老化现象。所以，在婴儿期或者老年期适当地补充益生菌可以改善肠道微生态环境，抵御有害物质和致病菌的入侵,有效增强身体抵抗力,预防和缓解各种常见问题,例如腹泻的发生。

肠道菌群分类

人体肠道内的微生物大致可以分为三个大类:有益菌、有害菌和中性菌。

1. 有益菌

有益菌也称之为益生菌,主要是各种双歧杆菌、乳酸杆菌等。

有益菌是人体健康不可缺少的要素,可以合成各种维生素,参与食物的消化,促进肠道蠕动,抑制致病菌群的生长,分解有害、有毒物质等。

2. 有害菌

有害菌数量一旦失控大量生长,就会引发多种疾病,产生致癌物等有害物质,或者影响免疫系统的功能。

3. 中性菌

中性菌是具有双重作用的细菌,如大肠杆菌、肠球菌等,在正常情况下对健康有益,一旦增殖失控,或从肠道转移到身体其他部位,就可能引发许多问题。

肠道菌群如何起作用?

有研究指出,体魄强健的人肠道内有益菌的比例达到70%,普通人则是25%,便秘人群减少到15%,而癌症病人肠道内的益生菌的比例只有10%。

人体的健康与肠道内的益生菌群结构息息相关。肠道菌群在长期的进化过程中,通过个体的适应和自然选择,菌群中不同种类之间,菌群与宿主之间,菌群、宿主与环境之间,始终处于动态平衡状态,形成一个相互依存、相互制约的平衡系统,因此,人体在正常情况下,菌群结构相对稳定,对宿主表现为不致病。

教 授 爸 爸 课 堂

益生菌是我们体内的好朋友,它能够促进食物消化,促进

各种维生素的吸收。相反，有害菌是我们体内的害群之马，它会导致我们身体各种各样的疾病。当肠道菌群平衡被打破，人体就会出现腹泻、便秘、消化不良等症状。所以，为了保证肠道正常运作，除了在日常生活中合理饮食，正常作息外，还要补充足够的益生元，有益于增殖肠道有益菌，让肠道保持健康。肠年轻，人才能年轻！

教授爸爸贴心叮咛

1. 选购含活性益生菌的酸奶：尽量选择原味低糖低脂酸奶；标示含有膳食纤维如低聚果糖、菊粉等益生元的酸奶则更好。

2. 选购泡菜、味噌、豆豉等发酵食品：平时也可适当吃一些用蔬菜、水和谷物等制成的发酵食品，它除了含有益生菌，还有一些有益的代谢产物，而且泡菜本身的膳食纤维和多种抗氧化剂有助于益生菌的生长繁殖，但不建议作为补充益生菌的主要途径。

益生元和益生菌,傻傻分不清?

调查表明,人体99%的营养素都依靠肠道吸收,而人们日常饮食中90%的毒素和难以消化的物质也都靠肠道排出体外。所以,维护肠道健康,拥有健康的肠道菌群,对所有人都很重要。很多人肚子不适时会选择服用一些益生菌或益生元来解决不适,医生也会经常开一些益生菌或者益生元来调理。相信很多人都知道益生菌是什么,但是对于益生元,因为只有一字之差,却常被认为是和益生菌一样的东西。那么,到底该如何获得健康的肠道菌群? 是补充益生菌还是益生元?

益生菌

益生菌是一类对宿主有益的活性微生物,是定植于人体肠道、生殖系统内,能产生确切健康功效从而改善宿主微生态平衡、发挥有益作用的活性有益微生物的总称。人体、动物体内有益的细菌或真菌主要有:酪酸梭菌、乳杆菌、双歧杆菌、放线菌、酵母菌等。

目前国内使用的益生菌有20余种,主要有双歧杆菌、乳杆菌、酪酸梭菌、布拉酵母菌、肠球菌、地衣芽孢杆菌和蜡样芽孢杆菌等。当人体益生菌足够时,人就会处于健康的状态,但是一旦体内菌群失去平衡,比如菌种间比例发生大幅变化或者超出正常数值时,腹泻、过敏、胃口不佳、疲倦、免疫力低等一系列病症就会随之而来,健康就会亮红灯,而这时适当补充益生菌,协助体内菌群平衡,人才能重现健康状态。

益生菌能够预防或改善腹泻。饮食习惯不良或服用抗生素均会打破肠道菌群平衡,从而导致腹泻。补充益生菌有助于平衡肠道菌群及恢复正常的肠道 pH值,缓解腹泻症状。益生菌还能缓解不耐乳糖症状。我国小孩有乳糖不耐症的比例相当高,乳杆菌可帮助人体分解乳糖,缓解腹泻、胀气等不适症状,可与牛奶同食。益生菌可以增强人体免疫力,通过刺激肠道内的免疫机能,将过低或过高的免疫活性调节至正常状态。益生菌还可以促进肠道消化系统健康，抑制有害菌在肠内的繁殖，减少毒素，促进肠道蠕动，从而提高肠道机能，改善排便状况，帮助吸收营养成分。如果每天摄入益生菌，不仅能够抑制肠内有害菌群的产生，还能为肠内有益菌提供良好的生长环境，造就健康肠道。

益生元

益生元是一种膳食补充剂，通过选择性的刺激一种或少数菌落中细菌的生长与活性，而对寄主产生有益的影响，从而改善寄主健康的不可被消化的食品成分。成功的益生元应是在通过上消化道时，大部分不被消化而能被肠道菌群所发酵的。最重要的是它只刺激有益菌群的生长，而不刺激有潜在致病性或腐败活性的有害细菌。

最基本的益生元是碳水化合物，主要包括各种寡糖类物质或称低聚糖。更概括的说法是功能性低聚糖。但并不排除被用作益生元的非碳水化合物物质。理论上来讲，任何可以减少有害菌种，而有益于促进健康的菌种或活动的物质都可以叫做益生元。由于双歧杆菌和乳酸菌被认为对人体有很多有益的影响，所以一般的益生元被认为能促进此两种菌数量的增加或是其活性的增强。可以促进双歧杆菌的物质被认为为双歧因子。一些益生元可以作为双歧因子，反之亦然。

选益生菌还是益生元呢？

补充益生菌还是益生元好主要看身体处在什么样的状态，如果益生菌足够，那么可以适当补充益生元；反之如果益生菌不够，那补充再多益生元也是徒劳，需要同时补充一些益生菌。那么问题就来了，你怎么知道自己是缺益生菌还是益生元呢？有一个很直接的方法，那就是去医院检查一下。但是益生元和益生菌终归只是一种辅助手段，不能当作药吃。肠道菌群的健康还是需要靠自身作息以及饮食的规律来维持。只靠益生菌和益生元是没有用的，此外，如果肠道疾病比较严重的，比如腹泻不止，最好还是去医院就诊。

为什么有人服用益生菌会腹泻?

充分的研究表明服用益生菌时,大部分情况是不会有什么副反应的。大多就是产气比平时多一点。然而对于一些肠道菌群已经失调的人在服用益生菌过程中,特别是刚开始补充时会出现情况加重的现象。如腹痛、胀气、腹泻加重等多种不适的情况,这就是典型的"赫氏消亡反应"。俗称补充益生菌的"好转反应"。

教 授 爸 爸 课 堂

"赫氏消亡反应"是在一个多世纪前被发现的,具体的原理较为复杂,简单来说,新补充的益生菌和肠道中原有的有害菌战斗时,有害菌为了抵御益生菌释放大量毒素和代谢物。而这些毒素在对抗有益菌的同时,也对人体产生了"好像病情加重"的情况。这恰好表示了益生菌在人体中已经开始发挥作用。因此,"赫氏消亡反应"被称为治愈过程中"黎明前的黑暗"。当然,大家不要一味地把这种现象归结为赫氏消亡,也很有可能是病症的加重,因此一定要谨慎对待。

教授爸爸贴心叮咛

目前市面上有很多号称是益生元的产品,但其纯度不高,比如一些奶粉、辅食、保健品等,只将添加益生元作为噱头,实则含量非常低,不能达到作用量,是欺骗消费者的手段。所以,购买益生元产品,最好要仔细查看益生元含量,含量一般达80%～90%属于高纯度。

服用益生菌不仅无益还有害，那些广为流传的说法还可信吗？

"益生菌"已经是家喻户晓的名词了，酸奶、巧克力、泡菜、婴儿配方奶粉……无处不体现着它的普遍。除了食物，甚至洗手液中也有添加益生菌。由于人们对益生菌的"热爱"，益生菌补充剂也逐渐落入人们的眼球。大家常服用益生菌补充剂来促进消化，调节肠道菌群，促进健康。但是，最近国外的一项最新研究结果表明，服用益生菌基本无用，还有可能会伤害你。报道一出，瞬间在网上炸开了锅，满屏的"益生菌无益论"轮番上演。

那么，这到底是怎么一回事？我们一直信任的"益生菌"真的对人体有害无益吗？

益生菌对人体无益，结论从何而来？

"益生菌无益论"起源于两篇发表在《细胞》(*Cell*)杂志上的最新研究。其结论是："益生菌对人体并没有我们想象得那么有益，甚至会干扰肠道原有的微生物。"之所以得出这个结论，主要通过实验从两个方面进行了解释：

1. 益生菌补充剂反而会延缓肠道微生物和肠道基因表达恢复到正常状态。

2. 益生菌补充剂并不适用于所有人；相反，它们应该被个性化定制。

实际上，《细胞》发表的第二篇论文，只是表明吃一种益生菌配方会推迟宿主的肠道菌群重建，一种益生菌制剂对肠道无益不等于所有益生菌制剂均对肠道无益。所以"益生菌无用论"未免太过武断。

而世界胃肠病学组织（WGO）早在 2011 年就指出益生菌在缓解腹泻、便秘等方面的功能有着"强有力的证据支持"；2017 年 WGO 基于大量医学证据，再次指出益生菌可以有效防治消化道疾病。

益生菌究竟是什么?

2001年,联合国粮农组织(FAO)和世界卫生组织(WHO)对益生菌做了如下定义:通过摄取适当的量,对食用者的身体健康能发挥有效作用的活菌。

我国《益生菌类保健食品申报与审评规定(试行)》(国食药监注〔2005〕202号):益生菌类保健食品是指能够促进肠道菌群生态平衡,对人体起有益作用的微生态产品。

关于益生菌广为流传的说法可信吗?

虽然在临床上和非处方药中,都在使用益生菌,但就目前来看,益生菌的作用可能被过度夸大了。下面一些益生菌耳熟能详的功效,我们到底应该如何看待呢?

益生菌能治疗便秘吗?

这里要澄清两个概念:益生菌和益生元。

益生菌和益生元是两个完全不同的概念。益生菌是"菌",而益生元是一种膳食补充剂,它通过选择性的刺激一种或少数菌落中细菌的生长与活性,从而对寄主产生有益的影响,改善寄主健康。因此,益生元是一种不可被消化的食品成分。

事实上,对便秘有改善效果的是"益生元",国内外已经有很多研究都表明,益生元能够改善便秘。

所有的益生菌产品都相同吗?

理论上讲,市场上供应的每一种益生菌营养品都与另一种不同。并且,这种不同体现在种类和数量上。

有些益生菌产品只含有单一菌株,有些则是几种菌株的混合。即使是同一菌种,也因不同株系有所不同。同时,菌株在产品中的比重也有很大差别,有些产品数量高,有些产品数量低。

但益生菌产品的标签上往往不会提供精确的微生物数目，只会简单标注食物内含有"活性菌"。另外，成分表一般还会提供益生菌的属名和种名。

一般而言，规范生产商生产的益生菌营养品会提供相对可靠的微生物数目，但这并不能保证在购买或服用该产品时活菌数目仍能保持不变。因为益生菌很容易被杀死，因此，在购买益生菌产品时，尽量选择活性菌数量大的产品。

酸奶是益生菌的优质来源吗？

事实上，并非所有的酸奶都含有益生菌。一些酸奶，如一些常温酸奶，为了保持口感，其实是没有活菌存在的。因此，在选购酸奶时，消费者应注意查看酸奶的营养成分表和配料表。

教 授 爸 爸 课 堂

市面上的酸奶保质期有很大区别，有的可保存 21 天，有的却可以保存 6 个月。21 天保质期的酸奶，一般要求保存温度为 2~6℃，所以也称之为低温酸奶。低温酸奶的生产工艺中，先将原料进行巴氏灭菌，然后冷却、接种、发酵，这样生产出来的酸奶含有大量的乳酸菌。常温酸奶的生产工艺中，先是采用巴氏灭菌，然后再将发酵后的酸奶进行高温灭菌，这样便消除了酸奶中的乳酸菌，延长了酸奶的保质期。而在营养成分上，常温酸奶与低温酸奶并没有太大区别。

教授爸爸贴心叮咛

小朋友们应当理性对待酸奶和此类产品的功效。人类对

益生菌种的选择历史悠久，它们大多都易于量产，并非人们肠道中常见的微生物，也难以适应体内的环境。所以，大多数益生菌产品中的益生菌并不能融入人体微生物组（指人体内微生物的集合体），这使得益生菌产品在医学方面的应用效果不佳。经过无数代工业培养条件下的繁殖，这些菌已经被驯化并适应了工业条件。

因此，益生菌虽然很受人喜爱，对人体也的确有一定的有益作用，但是它对人体的作用依旧有限，并不应当被夸大甚至神话。大家还是应当理性地对待各类益生菌产品。

带你了解食用色素

在这个多姿多彩的世界里，各种不同的颜色形成了丰富多彩的环境，让我们的生活更加绚丽。就像女生们都喜欢化妆来打扮自己一样，对于食物，也需要有令人愉快的外表。我们吃食物时，讲究色香味俱全，其中把色放在第一位，是因为颜色是食物给我们的第一印象，给我们的视觉带来了冲击，好的颜色能激起我们的食欲，给食物加分。

正是因为这个原因，才出现了食用色素，给食物带了各种各样的色彩，在我们享用美食的同时带来了视觉上的享受。然而，在食品中添加色素，有人对这一做法有所担心：它会给我们的健康带来威胁吗？

什么是食用色素？

食用色素，是色素的一种，即能被人适量食用的可使食物在一定程度上改变原有颜色的食品添加剂。根据《食品添加剂使用标准（2011 版）》，着色剂是食品赋予色泽和改善食品色泽的一类物质，这里的着色剂就是我们一般所说的食用色素。

一般来说，在食物中添加的色素可以分为天然色素和人工合成色素两种。

人工合成色素，主要是用煤焦油中分离出来的苯胺染料为原料制成的，故又称煤焦油色素或苯胺色素，如合成苋菜红、胭脂红及柠檬黄等。

天然色素，是由动、植物组织以及矿物中提取的微生物色素、植物性色素及矿物性色素等天然色素。广泛用于药品食品中，允许使用的有虫胶色素、红花黄色素、甜菜红、辣椒红素、红曲米、姜黄、β-胡萝卜素、叶绿酸铜钠盐、酱色等。

食用色素对人体有害吗？

相信不少人都会有这样的疑问，色素对我们的身体有害吗？因为新闻媒体、一些科学杂志上经常会报道一些关于食用色素的负面效果，很多人听到色素就会认为不健康，忧心忡忡。也有研究表明小孩吃多了色素会造成多动症。但是这都是在吃多，也就是过量食用色素的情况下发生的。

其实，世界各国对食用色素的使用和管理都有严格的限制，按照目前的规范和研究来看，只要符合国家标准合理使用色素，大部分色素都是相对安全的，不管是人工合成色素还是天然色素。

另外，食用色素的使用多数是在糖果、膨化食品和一些高热量的食物中。而这些食品本来就不能多吃，否则会造成健康负担。因此，与其担心色素的危害，不如控制对这类食物的摄入，提高孩子控制和抵御零食诱惑的能力，树立正确科学的饮食观。

教　授　爸　爸　课　堂

由于大自然的发展，自然界中存在的天然色素比人工合成色素种类要多得多，而且天然色素都或多或少地有它们独特的作用。比如，胡萝卜的胡萝卜素、万寿菊的叶黄素和葡萄的多酚类物质，对心脑血管、抗氧化以及眼睛都有一定的保健效果。

至于人工合成色素，往往会有一定的危害。但是，并不是说人工合成色素就不好，色素应该要根据具体情况，根据食物的特点科学地选用，而添加的多少则需严格遵守相关法律规范。因此，两种色素无所谓好坏，它们各有各的作用场合，只要按照规范添加，应该是安全的。

教授爸爸贴心叮咛

虽然只要按规范添加，色素就没有危害，但是很多合成色素并没有任何营养价值，也不会对孩子的健康产生任何帮助，所以平时对于使用了色素的食物还是尽量少食用较好。再加上我国食品中合成色素的超标、超范围使用现象经常出现，所以在购买食品时一定要多加注意，不能过分追求食品的色泽。

天然奶油和人造奶油竟有这些危害！

奶油蛋糕是一种将奶油涂在蛋糕表面上的糕点制品，凸显出浓浓的奶香味以及蛋糕的香软。对于奶油蛋糕来说，奶油的选择相当重要。一般来讲，蛋糕中使用的奶油主要分为两种，一种是天然奶油，一种是人造奶油，前者来源于动物，后者是对植物油进行加工处理得到的，这两种奶油在各个方面都有很大的不同。

一般来一说到天然的，人们就认为它很健康；而一说到人工的，会让人有一种不健康的感觉。但这两种奶油都有不健康的地方，一起来看看吧！

天然奶油

早在公元前3000多年前，古代印度人就已掌握了原始的奶油制作方法。把牛奶静放一段时间，就会产生一层漂浮的奶皮，奶皮的主要成分是脂肪。印度人把奶皮捞出装入皮口袋，挂起来反复拍打、搓揉，奶皮便逐渐变成了奶油。但这种方法颇费时间，而且从牛奶中产出的奶油量也很少。

公元前2000多年，古埃及人也学会了制作奶油。后来，埃及的奶油制作方法由希腊和罗马人带到了欧洲，印度的奶油制作技术则经过中国、朝鲜传入日本，但当时古希腊人和古罗马人制作的奶油只有少量是食用的，大部分是作为化妆品抹在脸上。

中世纪时，欧洲出现了手摇搅拌器，提高了从牛奶中提取奶油的效率。1879年，瑞典的德·拉巴尔发明了奶油分离机，这是借助滚筒产生的离心力，利用奶油与脱脂奶的不同比重，使奶油得到分离。拉巴尔在1882年又发明由内燃机带动奶油分离机，进一步提高了分离效率，奶油分离机的诞生，为奶油生产的机械化开辟了道路。

很多人都认为天然奶油是健康的，其实不然。与常规的越天然就越健康的理念相左，天然奶油是名副其实的高热量食品。每100克天然奶油所含的热量是

900 千卡，这远远要超过同等重量的人造奶油，人造奶油的热量在每 100 克为 500 大卡左右。并且，天然奶油因含有大量的饱和脂肪酸、会增加人体内胆固醇的含量以及很容易造成儿童的营养不良和肥胖等问题，而成为不那么健康的食品。

人造奶油

人造奶油在国外被称为 Margarine，这一名称是从希腊语"珍珠"一词转化来的，这是根据人造奶油在制作过程中流动的油脂放出珍珠般的光泽而命名的。按其形状分为硬质、软质、液状和粉末四种。按其用途分为家庭用及食品工业用两种，前者又分餐用、涂抹面包用、烹调用和制作冰淇淋用。后者又分面包糕点用、制作酥皮点心用及制作馅饼用。其主要区别是配方、使用的原料油脂和改质的要求不同。其外观呈鲜明的淡黄色，可塑性固体，质地均匀、细腻，风味良好，无霉变和杂质，其脂肪含量在 75％～80％以上，含水量为 16％～20％，食盐含量小于3％，同时可含有少量乳化剂、维生素、乳酸等添加剂。

人造奶油含有反式脂肪酸，又被称作人造脂肪、人工黄油、人造奶油、人造植物黄油、食用氢化油、起酥油、植物脂末等。

反式脂肪酸可以增加大量的低密度脂类的含量，吃多了可能会对小孩的记忆力产生一定的影响；另外，反式脂肪酸在人体内几乎不存在，植物奶油极不易被人体消化吸收，容易在腹中积累，从而导致肥胖。除此之外，植物奶油中的反式脂酸还会影响中枢神经系统的生长发育，小孩子最好少吃。

教 授 爸 爸 课 堂

虽然适量摄入人造奶油对身体并不能造成什么伤害，但我们还是要学会分辨天然奶油和人造奶油，以免一些不法商家以次充好。

天然奶油的颜色偏黄，不容易塑形，所以从外形上看更普通些；而人造奶油的颜色发白，做的蛋糕形状会更多样、更细腻。

人造奶油很香,口感丰富,吃起来会黏黏的,糊口;天然奶油口感较淡,有自然清新的奶香味,入口即化,吃起来给人一种很轻柔的感觉。将天然奶油和人造奶油放在皮肤上涂抹,天然奶油能够被吸收,而人造奶油不会;把天然奶油和人造奶油放到冷水中,天然奶油会被溶解而人造奶油不会。此外,在成分表中天然奶油一般用鲜奶油标注。而人造奶油则用棕榈油或其他植物油成分标注。

100 克奶油的营养成分参考①

热量 879(千卡)	蛋白质 0.7(克)	脂肪 97.0(克)	胆固醇 209.0(毫克)
碳水化合物 0.9(克)	钠 268.0(毫克)	维生素 A 297.0(毫克)	维生素 E 2.0(毫克)
磷 11.0(毫克)	钾 226.0(毫克)	镁 2.0(毫克)	钙 14.0(毫克)

教授爸爸贴心叮咛

奶油在所有动物性脂肪中是较佳的一种,但脂肪含量比牛奶增加了 20 倍至 25 倍,是高热量食物。奶油较适合缺乏维生素 A 的人和儿童使用,肥胖者尽量少食或不食。不管是人造奶油还是天然奶油,摄入过多都会对身体健康造成一定的负面影响,一定要做到适量。

---

① 欧钰婷.食物营养成分大全.广州:广东科技出版社,2008.

吃是人们的基本需求，我们每天都在食用不同的食物，但是要想成为一名真正的吃货，可不止是会吃那么简单，当然还少不了一些有趣的冷知识傍身。食物掉在地上 5 秒内捡起来还能不能吃、方便面为什么要等 3 分钟、夏天为什么要吃姜、你喝的绿豆汤是红色的还是绿色的等等这些不为人知的冷知识绝对让你惊到合不拢嘴。本章内容以一些有趣的食品小知识为切入点，希望让小朋友在这里上一堂欢乐的食品课。

第八章

欢乐小课堂

食物掉在地上 5 秒内捡起来还能不能吃？

大家肯定都面临过这样的选择：拿着一份美味的食物正准备下咽时，却不小心把它掉在地上，这时还可以捡起来吃吗？从前，想捡起来继续吃的人用"不干不净，吃了没病"来安慰自己，认为只要足够快，吃掉在地上的美食是没什么大碍的。近年来，人们又听说了所谓的"5 秒原则"，这是一种判断掉在地上的食物是否可以食用的方法。即在 5 秒内捡起食物，细菌就来不及沾染上去，该食物可以安全地食用。然而，这种说法真的对吗？掉到地上的食物究竟还能不能吃？

"5 秒规则"并不科学

"5 秒规则"最初是一位名叫吉里安·克拉克的女中学生在伊利诺伊大学拖地时发现的。她在擦地时无意中发现，学校的地面相当干净，连细菌都很少，所以她想出了这一"规则"，她还因此获得了 2004 年的"搞笑诺贝尔奖"——其目的是选出那些"乍看之下令人发笑，之后发人深省"的研究。

2007 年，美国克莱姆森大学的研究人员在《应用微生物学杂志》上发表了一个关于 5 秒规则的研究，发现在细菌从地板向食物的转移中，食物类型和食物与地板的接触时间并不起主要作用，关键因素在于食物接触细菌污染的面积和地板的材料。

克莱姆森大学保罗·道森教授所率领的研究团队，在瓷砖、地毯和木质地板上接种了沙门氏菌。5 分钟后，他们把腊肠或面包分别与各种地板接触 5 秒、30 秒和 60 秒，然后检测转移到食物中的细菌数量。在细菌接种后的 2、4、8、24 小时后重复以上步骤。结果发现，转移到食物上的细菌数量很大程度上取决于食物表面被污染的面积。同时，地板的材料也会有所影响，比如掉在地毯上的食物转移的细菌会更少，只有不到 1%。但当食物与布满细菌的瓷砖和木质地板相接触时，48%～70% 的细菌会发生转移。

也就是说，5 秒之内捡起掉落在地板上的食物能避免细菌污染的说法并不科学。

吃了掉在地上的食品也不一定会生病

虽然掉到地上的食物会很快沾染上细菌,但这并不意味着吃掉以后就会立刻生病。这是因为,日常环境中存在的大多数细菌并不致病。而且地面通常比较干燥,大多数致病菌不喜欢这样的环境,因此地面上致病菌并不多。如果经常擦地、且更换拖布头保持拖布干燥,那家中地面的细菌密度很可能比手上、手机或纸币上的细菌密度小。这也是为什么许多人吃了掉在地上的食物,却"不干不净、吃了没病"的原因。

教 授 爸 爸 课 堂

给大家分享一个词语:"卫生假说",大意是说宝宝小时候接触的感染越少,未来更容易出现过敏性疾病。老一辈的人也说"干净人得干净病",有些人非常注意卫生反而容易生一些很严重的免疫系统疾病。当孩子接触无害的细菌时,细菌不但不会伤害孩子,还会根据细菌自身的特性,去训练孩子的免疫系统。过度清洁的环境让那些负责照料和训练免疫系统的微生物几乎荡然无存。食物掉地上沾染细菌是不可避免的,最佳的选择就是不吃,但如果你不介意吃一些无害的细菌或是灰尘,通常也不会有事。

教授爸爸贴心叮咛

需要提醒的是,如果家里养了宠物,最好还是将掉落在地面的食物直接扔掉,因为宠物十分容易携带致病菌甚至寄生虫,致使地面较脏,食物掉落在这样的地面上其安全性便无法保障。

方便面为什么要等 3 分钟？

在日常生活中，虽然外卖已经十分便捷，但由于方便面廉价又好吃，为了节约时间，有很多上班族和学生党还是喜欢用方便面来替代正餐。但是有人说热水加入面中要等 3 分钟才能吃。如果单纯是为了方便，那么泡面时间难道不是越短越好吗？为什么没有超市销售 1 分钟就能泡好的方便面呢？是 3 分钟才能把方便面泡软还是 3 分钟泡的方便面最好吃呢？网络上流传的吃一包方便面需要 32 天解毒的说法是事实还是谣传？方便面中的防腐剂会对人体造成负面影响吗？我们一起来看看。

方便面要泡 3 分钟，其实是一个心理学伎俩

世界上最漫长的 3 分钟莫过于给方便面冲完开水之后等待的时间。方便面泡 3 分钟真的更好吃吗？根据我们的实际经历来看，其实也不是。有些面泡 3 分钟，似乎还有一些硬，有些面泡 5 分钟，似乎和 3 分钟的味道也差不多。而且水温不同，面熟的时间也不尽相同。

其实方便面要泡 3 分钟，是发明方便面的老板确定的。1958 年日籍台湾人安藤百福，在大阪府池田市发明了方便面，在之后不断试验配方工艺以及推销产品的过程中，发现 3 分钟是最合适的时间。3 分钟是一个心理学伎俩，随着食品工艺的进步，1 分钟也可以让面条变熟。但是人在面对食物的时候，等上 3 分钟，面的香味刺激加上等待，会让人胃口变好，吃起来更加快乐、更加美味。如果等上 5 分钟就有点儿失去了耐心，食物的气味对鼻子的刺激慢慢减弱，就觉得没那么好吃了。

吃一包方便面要解毒用不上 32 天

相信大家一直能够听到一些谣言，例如一包方便面的毒性要两周才能消化，吃一包方便面要解毒 32 天，因此一个月只能吃一包，等等。

事实真是这样吗？仔细查看方便面的配料表，可以看见密密麻麻的添加剂内容。很多人会说，这么多的食品添加剂，吃多了肯定会伤害身体。其实不然，能加入食品中的添加剂都是符合国家要求的，只要不天天只吃并且吃很多包方便面，对身体是没有什么大问题的。

食物中各种成分进入人体，可能会按照以下四种方式进行代谢和排泄：

1. 没有被吸收，经过胃肠道直接排出体外。

2. 被吸收进入血液，在肝脏被代谢成其他物质，也就是"解毒"。

3. 在肝脏内被分解的产物，或者没有被分解的物质，主要经过肾脏过滤随尿液排出体外。

4. 有一部分随着血液循环到达身体某些部分，在那里危害细胞正常活动而产生危害。

对于方便面来说，其中成分只会出现前三种情况。而且，分解和排出的速度都是由具体物质决定，并不遵循所谓肝脏的"32天解毒周期"。只是有的物质排出得很快，有的物质排出得比较慢。

方便面中防腐剂不会对人体有负面影响

一直有方便面含大量防腐剂的说法，这其实是错误的。方便面里可能含有防腐剂，但是添加量极少（部分品牌可以做到无添加剂，部分品牌含有极少量添加剂）。方便面通常由几部分组成：面饼、菜包、调料包、酱包、油包。方便面饼的水分含量都很低，水活度也很低，无法让腐败微生物利用，因此也就不需要防腐剂。此外，由于面粉中天然含有极少量的苯甲酸，因此检测出防腐剂成分也很正常。菜包、粉包分为干燥的和含水的。干燥的蔬菜由于水分含量极少，微生物无法生长，因此不需要用防腐剂。带水分的菜包（酸菜）和酱料包，因为特别咸、特别油，不适合微生物的生长，也不需要用防腐剂。但是，可能有的配料在方便面厂购入时，已经有了防腐剂。按照食品添加剂的"带入原则"，这个防腐剂是可以不加标识的。

此外，防腐剂是阻止食物腐败的一个很重要的方法，按照国家规定来使用并不会造成任何健康问题，因此对于防腐剂不必过度恐慌。方便面干燥、高油、高盐的特性使得它天生就不怕腐败，企业从成本控制和为了使消费者放心的角度一般不会主动添加防腐剂。少量方便面里面含有的微量防腐剂主要来自个别配料，也并不会影响消费者健康。

教授爸爸课堂

以我国的油炸方便面面块为例，其含油率为 18％～20％，含盐率为 1.6％～2％，与国际上基本相同。事实上，油炸方便面的含油率比油条、油炸薯条、薯片低很多，只是它们含油量的二分之一。

从食物的性价比考量，一款优质的方便面产品明显高于汉堡、速冻水饺等同类快速食品；从食物的营养均衡比考量，方便面也优于馒头、米饭等传统主食；从食品安全的角度考量，具有品牌信誉的方便面也比各类摊点餐食或外卖盒饭更有安全的保障。

100 克方便面的营养成分参考[①]

热量 473（千卡）	蛋白质 9.5（克）	脂肪 21.1（克）	碳水化合物 61.6（克）
膳食纤维 0.7（克）	钠 1 144.0（毫克）	维生素 E 2.3（毫克）	烟酸 0.9（毫克）
磷 80.0（毫克）	钾 134.0（毫克）	镁 38.0（毫克）	钙 25.0（毫克）

教授爸爸贴心叮咛

尽管方便面在宏量营养素上具有均衡的优势，适合作为正餐的能量来源，也适合作为应急时的方便餐食，不过在享用方便面带来的便利之余，小朋友们应该适时搭配蔬菜、水果，补足其他常量与微量营养素的需要，同时多喝水，使膳食结构更为合理健康。

[①] 欧钰婷. 食物营养成分大全. 广州：广东科技出版社，2008.

夏天为什么要吃姜？

很多家长喜欢在做菜时放一些生姜来提味，小朋友有时候吃到总会皱着眉头问妈妈，为什么做菜要放那么辣的生姜呢？有句谚语叫"冬吃萝卜夏吃姜"。炎炎夏日为何还要吃性味辛辣的生姜呢？生姜除了可以做菜、去痘印、擦头皮、泡脚外，还有哪些功效与作用呢？下面来为大家详细介绍一下生姜的相关知识吧！

生姜促进食欲

姜和葱、蒜一样，是我们常用的三大烹调调味品。用它们作调料不仅能使菜肴增味添香，而且它们特有的辛辣味可以刺激人们的食欲，增加其胃口。在夏天人们的食欲很容易受到影响，尤其是小朋友在受到暑热侵袭之后很容易出汗而影响食欲，因为消化液的分泌会受到影响减少，但是生姜中的姜辣素却可以刺激人的舌头跟胃部，可以刺激味觉神经跟胃黏膜上的感受器神经，而在经过神经反射之后就会使得胃肠道充血进一步促进消化液的分泌，因此可以达到开胃健脾的效果，在炎炎夏日可以帮助增进食欲。

生姜可以防暑

生姜可以排汗降温。生姜中含有的姜辣素对心脏跟血管有一定的刺激作用，可以加快身体的血液循环，帮助毛孔打开，增加身体的排汗量，随着汗液的散发可以帮助带出身体的余热，可以达到一定的防暑效果。所以说夏吃姜，可以排汗防中暑。

生姜还有防腐的作用

夏天凉菜的曝光率比较高，而这些食物却很容易遭受到细菌的污染，稍有不慎，则可能会出现肠胃病症，而生姜中的挥发油可以起到杀菌解毒的效果。有研究表明生姜提取液对金黄色葡萄球菌、白色葡萄球菌、伤寒杆菌、宋内痢疾杆菌、绿脓杆菌均有明显抑制作用，其作用与浓度呈依赖关系，尤以金黄色葡萄球菌和白色葡萄球菌的抑制作用最强。

教 授 爸 爸 课 堂

有句话叫，"早上吃姜，胜似喝参汤；晚上吃姜，等于吃砒霜"，真的是这样么？一般来讲，早上吃一点姜，对健康有利。姜味辛性温，含有姜辣素等活性成分，吃点姜可以健脾温胃，为一天中食物的消化吸收做好"铺垫"，并且姜中的挥发油可加快血液循环、兴奋神经，使全身变得温暖。晚上吃姜一般也没有什么问题，但是吃太多可能会刺激肠道，影响睡眠。另外，食用生姜一般每次不要超过 15 克，其实一般人正常情况下也不会吃到 15 克，小朋友们只要注意吃蟹等特殊情况下不要吃太多姜就好了。

100 克生姜的营养成分参考[1]

热量 19(千卡)	膳食纤维 1.0(克)	铁 7(毫克)	胡萝卜素 0.18(毫克)
蛋白质 14(克)	磷 45(毫克)	抗坏血酸 4(毫克)	核黄素 0.05(毫克)
无机盐 1.4(克)	钙 20(毫克)	尼克酸 0.40(毫克)	硫胺素 0.01(毫克)

[1] 欧钰婷. 食物营养成分大全. 广州：广东科技出版社，2008.

教授爸爸贴心叮咛

　　硫磺姜就是硫磺熏制过的生姜。消费者在购买生姜时,都喜欢挑选色泽光鲜的,虽然价格贵了点,但是总觉得这样的生姜比较新鲜。不法商家正是抓住了消费者过度关注生姜外观的心理,自制硫磺生姜或从不法制作人员手中收购后再销售给消费者,销售得好还能卖个好价钱。若经常食用硫磺生姜,将会有害人体健康。工业用硫磺含有铅、砷等重金属,重金属在人体蓄积后会对人的神经系统造成损害,轻者会出现头昏、眼花、全身乏力等症状。长期食用,则会导致眼结膜炎、皮肤湿疹等,严重的还会影响人的肝肾功能。所以小朋友们一定要提醒家长们不要买到硫磺姜了哦!

你喝的绿豆汤是红色的还是绿色的？

　　炎热的夏天，绿豆汤可以说是家家必不可少的消暑产品，在蒸笼似的户外奔波一天回家后，若能马上喝一碗放凉的绿豆汤，那真是畅快又清凉。不过，最近新一轮南北之战打响，起源是南方同学在北方学校食堂喝到的一碗红色的绿豆汤，引起了一场有关绿豆的争论：煮出的绿豆汤到底是红色还是绿色？那么为什么煮好的绿豆汤会变成红色？红色绿豆汤和绿色绿豆汤相比，哪个更有营养？今天就让我们来一探究竟。

煮好的绿豆汤为什么是红色？

　　绿豆汤变红色的原理，是因为绿豆皮中富含多酚类物质，主要是类黄酮。经过熬煮的绿豆，皮中多酚类物质会溶解在绿豆汤中，在氧气作用下，会逐渐发生氧化而变色。一锅新煮的绿豆汤本是绿色的，可如果存放时间过久，绿豆汤的颜色就会慢慢变深，由绿色变棕黄色，再逐渐转为褐色。

这样的操作会让绿豆汤变红

1. 用含碱的自来水熬煮

　　绿豆汤其实可以放很久都不变色，问题的奥妙在于煮豆子的水不一样。分别用自来水、矿泉水、纯净水、去离子水来煮绿豆汤，结果是去离子水颜色最绿，而且长期不变。自来水煮绿豆汤颜色变化最快，在接触空气之后几乎是每一分钟都明显变深，很快就变成红色。显然，是水质不同所致。北方的自来水是碱性水，熬绿豆汤之后变色特别快。

2. 放入食用碱熬煮

　　绿豆汤煮的时候，里面放了食用碱的话也会产生反应，一般会呈现红色。放碱的目的是让豆子容易烂,但会损失豆子的营养,同时也容易变红。如果希望煮得黏一些,可以考虑加入少量燕麦片或糯米来增稠。

3. 用冷水煮绿豆汤易变红

绿豆皮里含有大量的多酚类物质,只要遇见氧气,它们就会变色。而用冷水煮,花的时间长,氧化也快,汤汁更容易变色。

4. 水少了中途加冷水易变色

煮绿豆汤时有人发现水少了,都快煮干了,于是选择中途加冷水。这是错误的,加冷水,锅内的绿豆汤接触到氧气,很容易变色。就算要加,也应该加开水。

红色绿豆汤和绿色绿豆汤哪个更有营养?

众所周知,食用绿豆汤主要是为了夏季消暑解渴,那不同颜色的绿豆汤是否在解暑功效上有所差异呢?

绿豆汤变红后,可以继续食用,对健康没有伤害。但绿豆皮中的多酚类抗氧化物质,才是清热消暑的根源,绿豆汤变红即多酚类物质已经被氧化。所以红色的绿豆汤清热消暑的功效不佳,营养物质也没有那么全面,但不影响食用。

怎样才能让绿豆汤变绿?

1. 熬汤时最好盖上锅盖

绿豆皮中含有大量的多酚类物质,它们只要接触氧气,就非常容易氧化成醌类物质,并继续聚合成颜色更深的物质。因此,在熬绿豆汤时应该盖上锅盖,尽量减少绿豆与氧气的接触面积,避免发生氧化。

2. 水沸时再放入绿豆煮8分钟

煮绿豆汤的最好方法是先煮沸水,然后再放入绿豆,继续小火煮8~10分钟后倒出绿豆汤。因为此时汤的颜色为碧绿色,溶出的物质主要是豆皮中的活性成分,而且氧化程度最低,清热能力最强。倒出汤后,余下的豆子可以继续煮成绿豆沙,或加大米煮成绿豆粥。

3. 柠檬汁或者白醋帮绿豆汤保持绿色

北方的自来水是碱性水,熬绿豆汤之后变色特别快,倒出绿豆汤后,两分钟内就能看到明显的颜色变化。但在自来水中加入醋或柠檬汁后,熬出来的绿豆汤颜色变化很小。因此,如果用自来水熬绿豆汤,可以在水中加入半勺白醋,或挤入几滴柠檬汁,但注意不能加太多,否则汤会变酸,影响口感。

教 授 爸 爸 课 堂

夏季喝绿豆汤有很多好处:

1. 清热解暑。夏天炎热,消耗的水分比较多,会破坏身体内的电解质平衡,这个时候喝点绿豆汤,不仅能够清热解暑,利尿止咳,还能够及时为身体补充水分和无机盐,帮助维持身体内电解质的平衡。

2. 缓解便秘。绿豆中含有膳食纤维,能够促进肠胃蠕动,在一定程度上有效地缓解了便秘情况。

3. 促进代谢。绿豆汤中含有生物碱、植物甾醇等生理活性物质,能够促进生理新陈代谢活动。

100 克绿豆汤的营养成分参考①

热量 46(千卡)	蛋白质 1.9(克)	脂肪 0.1(克)	碳水化合物 9.2(克)
膳食纤维 0.6(克)	钠 0.3(毫克)	维生素 A 1.9(毫克)	维生素 E 1.0(毫克)
磷 29.7(毫克)	钾 68.7(毫克)	镁 11.0(毫克)	钙 7.9(毫克)

① 欧钰婷. 食物营养成分大全. 广州：广东科技出版社,2008.

教授爸爸贴心叮咛

　　喝绿豆汤虽然好处多多,但是不能过量食用。一般成人一周喝 2~3 次,每次一碗即可。儿童 2~3 岁开始吃粥时,可适量加点绿豆。6 岁过后,才可饮用成人量。每次的标准大概是 1 小碗,250 毫升左右。很多小朋友喜欢拿出冰箱里妈妈做好的绿豆汤直接食用,冰镇绿豆汤虽然爽快又好喝,但是这种过冷的绿豆汤很容易损伤脾胃。对于本身寒凉体质和脾胃功能差的人来说,过量食用绿豆汤会影响身体的健康。

第一次听说可乐还能减肥？

现如今，肥胖已经成为威胁大家身体健康的一大元凶，人们也意识到了这一点，所以越来越多的人加入了减肥行列。但是最近关于减肥，有一则比较新奇的言论，网络上有新闻称：一般高糖的碳酸饮料喝了之后会长胖，但是新出的一款"减肥可乐"对身体就不会有这样的影响，甚至还可以减肥。事实真的是这样吗？难道喝可乐还能减肥。那么，减肥可乐是什么？它为什么可以减肥？儿童适合喝这种减肥可乐吗？儿童减肥更适合吃什么？今天我们一起来了解一下。

减肥可乐是什么？

减肥可乐是可口可乐公司近日推出的一款名为"可口可乐 PLUS"的产品，它号称不仅零热量，还能抑制脂肪吸收，可口可乐公司甚至还将其定义为"保健饮料"。它在上市之初，就受到消费者的大量关注，许多店铺中的可乐都被抢购一空，一度处于供不应求的状态。

它为什么可以减肥？

话说回来，可乐那么甜，怎么能够做到零热量，还能抑制脂肪吸收呢？原来，这款可乐在做到无糖、零卡路里的同时，在成分中加入了 5 克难消化性麦芽糊精。在官方公布的测试数据当中，加入的麦芽糊精对甘油三酯达到了 7% 的抑制作用。

难消化性麦芽糊精是一种经特殊加工化的麦芽糊精。它是由玉米淀粉或小麦淀粉经酸性条件下加热分解得到的低热量葡聚糖，它是一种低分子化水溶性膳食纤维，也称为抗性麦芽糊精。这种难消化性麦芽糊精具有膳食纤维的特性，因此进入人体后不会被人体肠道消化水解。正是因为如此，使得人体在饭后能减少脂肪摄取量并抑制饭后血液中中性脂肪的上升。

减肥可乐适合儿童喝吗？

减肥可乐既保留了可乐的口感，又不会长胖，听起来简直是爱喝饮料孩子的不二之选，但它适合儿童饮用吗？

事实上，减肥可乐为了达到零卡无糖的目的，往往会使用代糖来代替白砂糖，从而使其有甜蜜的口感而又没有过多热量，但据研究发现这些代糖，如阿斯巴甜，儿童过量食用可能会产生神经毒性，损害神经系统。此外，代糖由于并非真正的糖类物质，不能被人体消化吸收从而产生满足感，因此，儿童在食用添加代糖的食物后反而会补偿性地食用更多食物，不仅不能减肥，反而会适得其反。

教 授 爸 爸 课 堂

减肥可乐相较于普通可乐，可以部分抑制脂肪吸收，但对于少年儿童来说，我们不建议饮用过多的减肥可乐。若想减肥，单靠减肥可乐是不行的，不如多食用一些富含膳食纤维的食物，它可是减肥的良方。膳食纤维在消化系统中有吸收水分的作用，能增加肠道及胃内的食物体积，从而增加饱足感；它还能促进肠胃蠕动，舒解便秘，同时也能吸附肠道中的有害物质以便排出；此外，它能改善肠道菌群，为益生菌的增殖提供能量和营养。总体来说，膳食纤维是肠道敬业的"清道夫"，不仅减肥效果好，而且纯天然更健康哦！

100 克可乐的营养成分参考①

热量 45（千卡）	蛋白质 0.0（克）	脂肪 0.0（克）	碳水化合物 11.2（克）
钠 11.4（毫克）	维生素 B₁ 0.2（毫克）	钾 1.0（毫克）	镁 4.0（毫克）

① 欧钰婷. 食物营养成分大全. 广州：广东科技出版社，2008.

教授爸爸贴心叮咛

　　从营养角度来看，除了水，可乐基本不具有营养价值。相反，可乐中的一些成分，在一定情况下会对人体健康造成损害，如过量的二氧化碳、磷酸、咖啡因等，可乐中含有的热量还被认为是儿童肥胖的"帮凶"。经常饮用，会积少成多，易致孩子体重增加，同时也易养成嗜甜的不良饮食习惯，只喜欢喝有甜味的水，而不喝白开水。正值生长发育期的儿童与青少年，需要充分的钙质，使骨骼正常生长发育，维持良好的骨骼新陈代谢，并使骨骼密度达到最佳状况，所以不宜长期饮用可乐等碳酸饮料。

附录：小学生一周食谱推荐

6～12岁的小学生正处于一个体格增长持续稳定的状态,小学生活泼好动,所以三餐除了要满足生长发育的营养需求外,还需要考虑满足日常活动所需消耗的能量,因此,一定要合理安排好一日三餐。

一般小学生的能量需求为:男生1 700～2 400卡路里/天,女生1 600～2 200卡路里/天。根据《中国居民膳食指南(2016)》,早餐提供的能量应占全天总能量的25%～30%、午餐占30%～40%、晚餐占30%～35%。根据早餐30%、午餐40%、晚餐30%的能量比计算,三餐所需能量为:

早餐:(1 600～2 400)×30%＝480～720(卡路里)

午餐:(1 600～2 400)×40%＝640～960(卡路里)

晚餐:(1 600～2 400)×30%＝480～720(卡路里)

根据中国营养学会推荐,三大产能营养素占每日总能量的比例为:碳水化合物55%～65%,脂肪25%～30%,蛋白质10%～15%;据此,三种产能营养素占总能量的比例取值:碳水化合物60%,脂肪25%,蛋白质15%。根据生热系数(碳水化合物4卡路里/克;脂类9卡路里/克;蛋白质4卡路里/克),每餐的能量需求为:

早餐:蛋白质(480～720)×15%÷4＝18～27(克)

　　　脂肪(480～720)×25%÷9＝13.34～20(克)

　　　碳水化合物(480～720)×60%÷4＝72～108(克)

午餐:蛋白质(640～960)×15%÷4＝24～36(克)

　　　脂肪(640～960)×25%÷9＝17.78～26.67(克)

　　　碳水化合物(640～960)×60%÷4＝96～144(克)

晚餐:蛋白质(480～720)×15%÷4＝18～27(克)

　　　脂肪(480～720)×25%÷9＝13.34～20(克)

　　　碳水化合物(480～720)×60%÷4＝72～108(克)

小学生一周三餐食谱推荐

时间	早餐		午餐		晚餐	
	食物名称	推荐量/克	食物名称	推荐量/克	食物名称	推荐量/克
星期一	茶叶蛋(一个)	50	红烧小排	50	酱猪蹄	50
	奶香土司	150	肉丝茭白	100	莴笋炒蛋	100
	鲜牛奶	100	咖喱土豆	100	炝炒萝卜丝	100
	水果沙拉	100	素炒西兰花	100	甜椒南瓜汤	100
			海带豆腐汤	100	小米饭	250
			米饭	300		
星期二	白煮蛋(一个)	50	盐烤三文鱼	100	豉汁蒸排骨	50
	蔬菜沙拉	100	肉片焖豆角	100	黑木耳炒藕片	100
	椰浆麦片	150	炒土豆丝	100	鸡蛋拌土豆泥	100
			青椒炒花菜	100	酸辣汤	100
			菠菜汤	100	红豆饭	200
			米饭	300		
星期三	茶叶蛋(一个)	50	红烧狮子头	50	肉片炒花菜	100
	水果沙拉	100	酸菜鱼	80	青椒土豆片	100
	小米粥	100	芹菜拌豆干	100	炒胡萝卜片	100
	奶香土司	150	蒜薹炒土豆	100	丝瓜猪蹄汤	100
			海带黄豆汤	100	紫米馒头	150
			米饭	300		
星期四	鸡蛋羹	80	黄豆炖排骨	80	西兰花炒蛋	50
	河虾炒青瓜	80	番茄炒蛋	100	鱼香肉丝	80
	全麦土司	150	清炒莴笋	100	清炒山药丝	100
	水果沙拉	100	素炒芹菜	100	番茄土豆汤	100
			番茄蛋花汤	100	杂米饭	200
			米饭	300		

续　表

时间	早餐		午餐		晚餐	
	食物名称	推荐量/克	食物名称	推荐量/克	食物名称	推荐量/克
星期五	白煮蛋（一个）	50	炸鸡腿	80	西兰花肉片	80
	酸奶	100	土豆炖牛肉	80	韭菜炒蛋	100
	蔬菜沙拉	100	素炒菠菜	100	清炒黄叶菜	100
	奶香土司	150	清炒山药丝	100	冬瓜排骨汤	100
			雪梨银耳汤	100	玉米窝窝头	150
			米饭	300		
星期六	茶叶蛋（一个）	50	红烧狮子头	50	宫保鸡丁	50
	水果沙拉	100	土豆炖牛肉	80	茭白炒甜豆	50
	八宝粥	100	番茄豆腐	100	三丁炒玉米	100
	虾仁炒饭	200	清炒山药丝	100	鲫鱼汤	100
			胡萝卜玉米排骨汤	100	白米饭	200
			米饭	300		
星期日	鸡蛋羹	80	红焖螃蟹	100	咖喱牛肉	100
	酸奶	200	清炒虾仁	50	清炒山药丝	100
	紫薯	100	红烧土豆	100	鱼香茄子	100
	榴莲披萨	100	蒜泥菠菜	100	菠菜汤	100
			猪骨汤	100	荞麦馒头	120
			米饭	300		

　　本食谱推荐量只作参考，由于不同体质、不同性别的学生每日需求量不完全一样，所以不同的学生可根据自己每日的活动量做相应调整，一般情况下，同龄的男生所需能量略高于女生。除合理膳食外，还推荐同学们要足量饮水，建议每天饮水 800～1 400 毫升，首选白开水，不喝或少喝含糖饮料。这可以促进大家健康成长，还可以提高学习能力。

参考文献

1. 欧钰婷. 食物营养成分大全. 广州：广东科技出版社，2008.
2. 中国营养学会. 中国学龄儿童膳食指南（2016）. 北京：人民出版社，2016.